Schrader-Motor-Chronik

MERCEDES-BENZ
Ponton- und Heckflossen-Modelle
1953 – 1965

Eine Dokumentation von Walter Zeichner

Schrader Verlag
spezial

BB - A 716

Schrader-Motor-Chronik

MERCEDES-BENZ

Ponton 180/D · 190/D · 219 · 220 · 220 S/SE
1953–62

Eine Dokumentation von Walter Zeichner

Das Bekenntnis zur Stromform unter konsequenter Beibehaltung klassischer Stilelemente prägte die Linie der Mercedes-Benz-Personenwagen in den fünfziger Jahren. Dieser Band der Schrader-Motor-Chronik zeigt die Entwicklung des „Ponton"-Mercedes vom ersten Typ 180 bis zum 220 S/SE – Fahrzeuge, die heute durchweg Liebhaberstatus haben. Die originalgetreue Faksimile-Wiedergabe interessanter Prospekte und Kataloge wird ergänzt durch Datentabellen technischer Merkmale und eine Auswahl zeitgenössischer Testberichte, die ein wichtiges Stück jüngerer Automobil-Historie reflektieren.

Für die Erlaubnis zur Reproduktion der historischen Dokumente bedanken wir uns bei der Daimler-Benz AG; für die Überlassung wichtiger Unterlagen sind wir den Herren Georg Amtmann und Kai Jacobsen verbunden.

Halwart Schrader
Herausgeber

Einbandgestaltung: Katja Draenert

ISBN 3-613-87216-1

1. Spezialausgabe 2001

Lektorat: Halwart Schrader
Druck und Bindung: Fotolito LONGO, Bozen
Printed in Italy

Inhalt

Mercedes-Benz Automobile mit neuen Akzenten

Die Firma Daimler-Benz, seit jeher Hersteller qualitativ hochwertiger Personenwagen, hatte es nie besonders eilig gehabt, konstruktive Neuerungen im Automobilbau in ihren Fahrzeugen zu realisieren und war damit stets gut gefahren. Manch anderem Hersteller hatte es immer wieder Ärger eingebracht, den Kunden als eine Art unfreiwilligen Versuchsfahrer für Neuentwicklungen einzusetzen.
Ein Blick zurück: 1946 war die Produktion mühsam wieder in Gang gekommen. Man konnte mit dem Typ 170 V, weitgehend identisch mit dem gleichnamigen Vorkriegsmodell, einen Wagen anbieten, der allen Erwartungen entsprach.
1949 folgte der Typ 170 S mit größerer, repräsentativerer Karosserie, und 1951 stellte man den neuen Typ 220 vor mit neu konstruiertem, kurzhubigem Sechszylindermotor, der in der Tat für Überraschung sorgte. Wagen dieses Kalibers waren damals ausschließlich der wohlhabenden Oberschicht im Nachkriegs-Deutschland vorbehalten und symbolisierten nach außen hin das so oft gepriesene Wirtschaftswunder. Doch auch die anderen waren wieder zur Stelle, und mit dem Opel Kapitän existierte ein sehr ernstzunehmender Konkurrent, der bei deutlich geringeren Anschaffungskosten ebenfalls einen geschmeidigen Sechszylindermotor zu bieten hatte. Orientierte sich das Rüsselsheimer Flaggschiff deutlich an amerikanischen Chevrolet-Vorbildern, so verharrten die Stuttgarter noch im zu diesen Zeiten schon recht antiquierten Schönheitsideal aus der Mitte der dreißiger Jahre.
So nimmt es nicht Wunder, daß große Autohersteller in Deutschland (mit Ausnahme von BMW) schon längst zur selbsttragenden Karosserie gefunden hatten, während die Wagen mit dem Stern noch auf massiven Chassis ruhten, wie seit eh und je. Mit dieser revolutionären, viele Vorteile bietenden Bauweise hatten Opel, Ford und Borgward bereits große Erfolge in der Gunst des Publikums erzielen können, und nun, ganz am Anfang der fünfziger Jahre, schien es auch den Mercedes-Benz-Verantwortlichen allmählich an der Zeit, etwas Neues in dieser Richtung in Auftrag zu geben.
Die Entscheidung für ein neues Fahrzeug war gefallen; es begann ab 1951 fieberhafte Aktivität in den Konstruktionsbüros unter der Leitung von Fritz Nallinger. Schon bald wurden erste Versuchsmodelle auf die Strecke geschickt. Eines dieser Fahrzeuge, das in der Linie noch weit vom späteren Endergebnis abwich und eher einem kleinen Typ 300 glich, geriet im Sommer 1952 einem Fotografen vor die Linse und wurde darauf in der Zeitschrift *Das Auto, Motor und Sport* abgebildet.
Anfang 1953 hatte der neue Mercedes dann seine endgültige Form gefunden, an der – außer der obligatorischen Kühlerattrappe – nichts mehr an das Vormodell erinnerte.
Dieser Typ 180, der im Juli 1953 in Serie ging, war eine Stufenheck-Limousine mit nur noch angedeuteten Kotflügeln, entbehrte aber selbstbewußt jeder Anpassung an den damals sehr stark amerikanisch beeinflußten Geschmack. Durch die selbsttragende Karosserie konnte der ganze Wagen wesentlich niedriger gebaut werden; durch den Wegfall der Trittbretter ließ sich der Innenraum sehr viel geräumiger gestalten. Eine solide Rahmen-Boden-Konstruktion, die mit den Karosserieteilen verschweißt wurde, sorgte für einen steifen Wagenkörper. Motor, Radaufhängungen und Lenkung des neuen Wagens waren auf Hilfsrahmen zusammengefaßt worden, die sich zu Wartungszwecken komplett demontieren ließen und Arbeiten an diesen Aggregaten sehr erleichterten. Diese die Vorderräder verbindende Konstruktion erinnerte etwas an eine Pontonbrücke; später wurden alle Wagen dieser Baureihe unter dem Sammelbegriff „Ponton-Mercedes" zusammengefaßt.
Im Innenraum des 180 ging es wie stets bei Mercedes gediegen und wohnlich zu. Die Verarbeitung erreichte einen gewohnt hohen Standard, und die verwendeten Materialien verströmten einen Hauch von Luxus. Auf dem

Mercedes-Benz 180 b – ein Pressefoto aus dem Jahre 1959.

schon zaghaft gepolsterten Armaturenbrett glitzerte der Chrom zahlreicher Schalter und Hebel, das unmodisch runde Tachometer lag direkt vor dem Fahrer und wurde auf beiden Seiten von je zwei viereckigen Kontrollinstrumenten flankiert. Typisch für Mercedes-Wagen war das riesige Lenkrad mit verchromtem Hupring, das eher in einen Lkw gepaßt hätte.

Fünf Personen fanden im 180 leicht Platz, vier hatten es sehr bequem und brauchten auch auf die Menge des mitgeführten Gepäcks wenig Rücksicht zu nehmen, denn der neue, kastenförmige Kofferraum faßte nahezu 75 Prozent mehr als in den alten Typen 170 und 220. Auch die Fensterflächen hatten um etwa 40 Prozent zugenommen und trugen dazu bei, das Fahren im 180 zu einem gänzlich neuen Erlebnis werden zu lassen.

Nicht gerade neu waren hingegen Motor und Getriebe des 180, doch auch noch einen völlig neuen Antrieb zu konstruieren, wäre selbst für Daimler-Benz aus wirtschaftlichen Gründen damals nur sehr schwer realisierbar gewesen, da ja bereits für die neuen Motoren der Sechszylindermodelle des Jahres 1951 große Anstrengungen unternommen worden waren.

Im Vergleich zum Vorgängermodell Typ 170 – eine revolutionäre Design-Entwicklung!

Der Vierzylinder-Reihenmotor im 180 stammte vom Typ 170 Sb, verfügte über eine seitliche Nockenwelle und produzierte mäßige 52 PS bei 4000/min. Die Stärken dieser Maschine lagen in ihrer Robustheit und Elastizität, denn schon bei 1800 Touren stand das maximale Drehmoment bereit. Eine Spitzengeschwindigkeit von ca. 125 km/h wurde damals als ausreichend empfunden, und auch was die Beschleunigung anbetraf, so muß man heute be-

denken, daß bei der damaligen geringen Verkehrsdichte und den langsam dahinkriechenden Lastwagen auch ein Wert von knapp 30 Sekunden für den Spurt von 0 auf 100 km/h durchaus ausreichte. Die Federung der Vorderräder war auch ein Erbstück vom 170 Sb, während die Schwingachse hinten bei sensiblen Fondpassagieren leicht zu einem flauen Gefühl in der Magengegend führte. Nicht als sehr geglückt erwies sich ferner die Bremsanlage, wobei die kleinen Bremstrommeln der 13-Zoll-Räder oft nicht ausreichten, den Wagen bei harter Beanspruchung fading-frei zu verzögern.
Was die Ausstattung des Typs 180 betraf, so zeichnete diese sich durch gewisse Inkonsequenz aus, da zwar Luxusattribute wie Armlehnen für jeden Sitzplatz, Zeituhr, drei Aschenbecher und abblendbarer Innenspiegel vorhanden waren, doch der Beifahrer nicht einmal eine Sonnenblende vorfand und auf dem Boden dicke Gummimatten den Charme eines Lieferwagen-Führerhauses entfalteten. Der Kunde konnte zwischen Wollstoff und genarbtem Kunstleder für die Sitzbezüge wählen, wobei serienmäßig vorne Einzelsitze eingebaut wurden, auf Wunsch jedoch und ohne Aufpreis auch eine durchgehende Sitzbank geliefert wurde. Weitere beliebte Extras waren ein großes Stoff-Sonnendach, ein Paar Nebellampen und ein Radio. Wer es besonders stilvoll liebte, der konnte auch einen vierteiligen Koffersatz bestellen, der den Stauraum im Heck optimal nutzte.
Der Wagen wurde von der Öffentlichkeit gut aufgenommen und verkaufte sich entsprechend, wobei der Preis des 180 während der ersten vier Produktionsjahre sogar von DM 9.950.— bis auf DM 8.750.— fiel, um dann langsam wieder anzusteigen, aber nie die 10.000-Mark-Grenze erreichte, bis zum Produktionsende im Frühjahr 1962.
Im zweiten Baujahr des 180 wurden zwei Varianten vorgestellt, der 180 D mit 40-PS-Dieselmotor sowie der Sechszylinderwagen 220. Mit dem 180 D gelang dem erfahrensten Diesel-Pkw-Hersteller der Welt ein großer Wurf. Der Motor, der mit der Maschine des alten 170-S-D-Modells bis auf Kleinigkeiten identisch war, zeichnete sich durch ganz erstaunliche Langlebigkeit aus, wenn auch das „Temperament" des nun höher übersetzten, da leichteren 180 D sehr zu wünschen übrig ließ. Sofern keine Steigung drohte, waren nach langem Anlauf kaum mehr als 110 km/h zu schaffen. Doch Rasanz war freilich nicht die Tugend, die über 150.000 Käufer des 180 D bis zum Jahre 1962 erwarteten, denn den Taxiunternehmern und zahlreichen Landwirten kam es viel mehr darauf an, ein geräumiges, wirtschaftliches Auto zu fahren, um dessen Technik man sich wenig Sorgen machen mußte; da spielte es auch eine untergeordnete Rolle, daß die Dieselversionen stets etwa 1.000 Mark mehr als die Benziner kosteten.
Der 180 D verbrauchte im Schnitt drei Liter weniger Kraftstoff als der Vergaser-180, und Taxis erreichten nicht selten unproblematisch Laufleistungen von drei-, vier- und fünfhunderttausend Kilometer mit dem ersten Motor. So nahm es nicht Wunder, daß der 180 D mangels Konkurrenz schon im ersten Produktionsjahr 44 Prozent aller bei Mercedes gebauten Personenwagen stellte.
Das Jahr 1955 brachte keine wichtigen Veränderungen für die Vierzylindermodelle, doch ab September 1956 wurde die Leistung des Dieselmotors im 180 D durch Erhöhung der Drehzahl um drei PS angehoben, und alle 180er bekamen die neue Eingelenk-Pendelachse der 220er Modelle. Durch diese Hinterachse neigten die 180er nun nicht mehr zu solch vehementem Übersteuern, das dem ungeübten Fahrer in zu schnell angegangenen Kurven leicht zum Verhängnis werden konnte.
Schon im Frühjahr desselben Jahres war ein neues Vierzylinder-Ponton-Modell mit der Bezeichnung 190 in Serie gegangen, dessen moderner 75-PS-Motor eine gedrosselte Version des Aggregats darstellte, das ein Jahr zuvor im Sportwagen 190 SL erstmalig installiert worden

war. Es handelte sich bei diesem 1,9-Liter-Motor im Grunde um eine Vierzylinder-Version des ab 1951 im Spitzenmodell 300 zur Verwendung gekommenen Reihensechszylinders mit obenliegender Nockenwelle und hängenden Ventilen.
Die neue Maschine paßte hervorragend zum Ponton-Mercedes und sorgte für ein deutliches Plus an Temperament gegenüber dem 180 mit einer Spitze von etwa 140 km/h und 20 sec. für die Beschleunigung aus dem Stand auf 100 km/h. Natürlich mußte das stärkere Vierzylindermodell 190 auch von außen leicht vom 180er unterscheidbar sein, was wie bei Mercedes üblich, durch eine großzügigere Verwendung von allerlei Chromzierat zum Ausdruck kam. Die Regenrinne und der Knick unter den Seitenfenstern bekamen glitzernde Streifen, und an der Front signalisierte eine breitere Kühlerattrappe das 75 PS-Modell. Im Typ 190 hatte man es nun sogar verantworten können, auch dem Beifahrer eine Sonnenblende zu spendieren und der rechten Tür ein Schloß einzubauen.
Im Innenraum hatte sich auf den ersten Blick nicht viel getan; abgesehen von Kleinigkeiten wie Kleiderhaken, Leselampe und neuen Innentürgriffen gab es keine Aufwertungen zu bestaunen. Doch tat ein serienmäßiges Heizgebläse jetzt im Winter gute Dienste. Der 190, der zu einem günstigen Preis von anfangs DM 9.450.— angeboten wurde (genau soviel wie der nun billigere 180 im Vorjahr), entwickelte sich schnell zu einem beeindruckenden Verkaufserfolg, wobei im ersten Produktionsjahr 1956 doppelt soviele und 1957 gar die fast dreifache Anzahl von 190ern im Vergleich zum 180er an den Mann gebracht werden konnten. Mehr als die Hälfte der Autos gingen in den Export, sehr zur Freude der Firma, der viel daran lag, ihr Exportgeschäft auszubauen.
Das Jahr 1957 brachte eine generelle Überarbeitung aller Ponton-Modelle, wobei jedoch die Karosserie unangetastet blieb. Wichtigste Neuerung war ein auf 65 PS gedrosselter Motor des 190 für den Grundtyp 180, dessen Modellbezeichnung nach Mercedes-Benz-Terminologie nun im Grunde nicht mehr korrekt war, aber trotz des größeren Hubraums beibehalten wurde, um das Einstiegsmodell deutlicher vom besser ausgestatteten Typ 190 distanzieren zu können. Der 180 a, wie er nun genannt wurde, bekam auch den Kühlergrill und die größeren Heckleuchten des 190 und unterschied sich äußerlich nur noch durch das Fehlen von einigen Chromleisten und kleineren Radkappen vom stärkeren Schwestermodell. Bei den auf der IAA ausgestellten 180 a, 180 D und 190 Wagen konnte man ferner eine neue, freundlichere Möblierung und verbesserte Sitze feststellen. In diesem Jahr fiel auch der „Oktan-Selektor" am Armaturenbrett fort, mit dem man in den Benzin-Versionen den Zündzeitpunkt der – früher oft minderwertigen – Qualität des Treibstoffes hatte anpassen können.
Ein weiteres Vierzylinder-Modell kam auf der folgenden IAA 1958 in Frankfurt hinzu, nachdem deutlich geworden war, daß der 180 D einfach zu phlegmatisch war, um noch weiterhin eine große Zahl von Anhängern zu halten – der Anteil der 180 D an der Vierzylinder-Produktionsmenge war in den letzten Jahren deutlich gefallen.
So sahm man sich veranlaßt, dieses Modell zu verjüngen, um nicht Marktanteile zu verlieren. Nichts lag näher, als den modernen Motor des 190 in ein Dieselaggregat umzubauen, wie man es schon beim alten 180-D-Motor gemacht hatte, der aus dem Benzinmotor der 170-Baureihe entstanden war. Der neue 190-D-Motor gab 50 PS ab und machte den 190 D 10 km/h schneller; vor allem wirkte sich das Leistungsplus deutlich bei der Beschleunigung und am Berg aus, wo der Mercedes-Diesel-Fahrer mit dem 190 D nicht mehr so deutlich ein Gefühl der Untermotorisierung verspürte wie noch beim 180 Diesel.
1959, das Jahr in dem die ersten, völlig neuen Heckflossen-Modelle (W 110) präsentiert wurden, brachte auch erneut Veränderungen für alle vier Ponton-Mercedes

mit Vierzylindermotor, die zur Unterscheidung jetzt ein kleines „b“ an die Typenbezeichnung angehängt bekamen. Alle vier erhielten die flachere Motorhaube mit breitem Kühlergrill der Sechszylindermodelle, auch die dicken Stoßstangen jener Modelle. Ein neuer Vergaser verhalf dem 180 b zu drei PS Kräftigung, und gar fünf Pferdestärken erbrachte eine erhöhte Verdichtung für den 190 b, der jetzt mit 80 PS 145 km/h schaffte und in weniger als 20 Sekunden auf 100 km/h beschleunigen konnte.

Im Innenraum lag jetzt die Betonung auf passiver Sicherheit, mit stärker gepolsterten Armaturen und Lenkrad, wobei der Hupring nun nicht mehr gleichzeitig die Blinker aktivierte, sondern links ein kleiner Hebel an der Lenksäule, wie bei den meisten anderen Autos auch, mit dem man ferner die Lichthupe einschaltete.

Als am besten verkäufliches Modell erwies sich in den Jahren zwischen 1959 und 1961 der 190 D, der einen besonders hohen Gegenwert für seinen Kaufpreis von knapp unter 10.000 Mark darstellte und eine harmonische Verbindung von gehobenem Ausstattungsniveau und wirtschaftlichem, nicht zu lahmem Antrieb darstellte. Der nun wirklich schon fast sprichwörtlich müde 180 D war eigentlich nur noch für Taxiunternehmer interessant. 1961 gab es für den 180 D, der nun den Buchstaben „c“ führte, endlich doch noch einen neuen Motor, und zwar die auf 48 PS gedrosselte Zweiliter-Maschine des Heckflossen 190 D, die die Fahrleistungen aber leider kaum wesentlich verbessern konnte. Der Ponton-Diesel kostete allerdings genau 1.000 Mark weniger als der wesentlich komfortablere neue Diesel W 110, und wer auf den Pfennig schauen mußte, hatte somit immer noch eine günstigere Alternative. Gleichzeitig war die 190-Ponton-Baureihe eingestellt worden.

Vom 180 Benzinmodell gab es letztmalig eine verbesserte Version 180 c mit etwas verbreitertem hinteren Radstand und neuem Vergaser; beide Typen, 180 c und 180 Dc, unterschieden sich allerdings optisch nicht von den Vormodellen.

Neben diesen Vierzylinder-Limousinen bauten die Karosseriefirmen Miesen (Bonn) und Binz (Lorch) eine Reihe von Kombiwagen. Bis 1959 entstanden 4.000 Krankenwagen und Kombinationskraftwagen.

Parallel zu den populären Vierzylinder-Pontonmodellen war 1954 anläßlich des Genfer Autosalons im März eine Sechszylinder-Version mit modifizierter Karosserie für einen anspruchsvolleren Kundenkreis erschienen. Der Typ 220, der dann im Juni in Serie ging, hatte durch einen um 17 cm verlängerten Radstand, eine längere Motorhaube mit größerem Grill und reichlichere Verwendung von Chromzierat eine deutlich repräsentativere Ausstattung als die 180/190er und wurde von dem gänzlich überarbeiteten 2,2-Liter-Reihen-Sechszylinder, der 1951 noch im alten Typ 200 debutiert hatte und nun 85 PS leistete, standesgemäß zügig angetrieben. Der höher verdichtete und mit einem Aluminium-Zylinderkopf ausgerüstete Motor verlieh dem 220 eine Höchstgeschwindigkeit von damals sehr beachtlichen 150 km/h.

Innen herrschte zurückhaltende Noblesse mit Holzpaneelen an Armaturenbrett und Türrahmen und edlen Stoffen oder Leder für die bequemen Sessel. Der Fahrer kontrollierte die Geschwindigkeit auf einem modernen Bandtacho und überwachte den nachfolgenden Verkehr durch eine, gegenüber den 180/190 vergrößerte Heckscheibe. Die Kupplung und das etwas höher übersetzte Getriebe waren von den Vierzylindertypen übernommen worden, doch stellten die 12-Volt-Anlage und die neue Eingelenk-Pendelachse (die später auch der 190 bekam), Premieren für Mercedes-Automobile dar.

Mit 12.500 Mark war der 220 deutlich teurer als die kleinen Schwestermodelle, doch wurde im Jahr 1955 mit 19.348 verkauften Mercedes 220 fast die Verkaufszahl des 180 D erreicht, ein Beweis für die Qualitäten dieses Wagens.

Dieser erste Ponton 220 wurde nur knapp zwei Jahre gebaut und im Frühjahr 1956 durch Nachfolgemodelle ersetzt. Taktische Überlegung bei Mercedes-Benz war, mit einem verbilligten Sechszylinder Kunden zu gewinnen, die sich für den Opel Kapitän interessierten und mit einem kompakten Luxus-220 die Schicht der Käufer unterhalb des Spitzenmodells 300 zu erreichen.

Das Einsteigermodell in die Sechszylinderklasse wurde der Typ 219, eine gelungene Mischung aus Vier- und Sechszylinder-Pontonkomponenten. Vom Heck bis zur Frontscheibe war die Karosserie des 219 mit der des 180/190 identisch, während die „Schnauze" vom 220 stammte. Auch in der Verwendung von Chrom und edlen Ausstattungsdetails wurde bei diesem Modell Zurückhaltung geübt, so daß der 219 näher zum 190 als zum 220 stand. Doch durch den eingebauten 85 PS starken Sechszylindermotor, der 1957 durch Erhöhung der Verdichtung auf 90 PS gebracht wurde, stellte der nur 10.500 Mark teure 219 ein interessantes Angebot dar, sofern nicht große Repräsentation im Vordergrund stand. Dafür gab es nun den Typ 220 S mit 100 PS leistendem Doppelvergasermotor zum Preis des Vormodells. In seiner Grundausstattung entsprach dieser 160 km/h schnelle Wagen dem 220 a und war nur an einer zusätzlichen, seitlich der Scheinwerfer bis unter den Türgriff reichenden Chromleiste zu erkennen. Mercedes-Benz hatte bei diesem Modell ferner die Betonung auf eine sehr weiche, komfortable Federung gelegt, was das Fahrverhalten zwar nicht gerade sportlicher machte, aber viel zum hohen Komfort bei besonnener Fahrweise beitrug.

1958 erschien als letzte Aufwertung der Ponton-Serie der 220 SE auf der IAA Frankfurt mit 115 PS leistender Maschine durch Bosch-Benzineinspritzung. Außer dem Motor, dem ersten Einspritzmotor in einer normalen Serienlimousine weltweit, unterschied dieses Modell nichts vom gleichzeitig weitergebauten 220 S – abgesehen vom Preis, denn fast 2.000 Mark mehr mußte es einem schon wert sein, ein kleines Chrom-E auf der Heckklappe tragen zu dürfen.

Traditionsgemäß hatte sich Daimler-Benz bei der Entwicklung der Ponton-Modelle auch über exklusive Coupé- und Cabriolet-Versionen Gedanken gemacht. Eine breite Panoramafrontscheibe betonte den sportlichen Charakter dieser noch weitgehend in sorgfältiger Handarbeit gefertigten Wagen, die mit einem Grundpreis von 21.500 Mark schon dicht bei der Staatskarosse Typ 300 rangierten. Vorgestellt hatte man das Cabriolet A (mit Notsitzen) und B (mit richtigen Rücksitzen) zwar schon auf der IAA 1955, doch der damals verfügbare Motor des 220 a mit 85 PS Leistung hätte nur sehr schlecht zum dynamischen Äußeren dieser Wagen gepaßt, zumal diese Cabriolets durch zahlreiche nötige Verstärkungen der Karosserie um etwa zwei Zentner schwerer geworden waren als die Limousinen. So zögerte man die Produktion bis zum Erscheinen des 220 S mit 100-PS-Maschine hinaus und ließ das Coupé drei Monate später nachfolgen.

Ab Oktober 1958 gab es dann parallel auch den Einspritzmotor in den Cabriolets und Coupés, wodurch sich der Grundpreis um 1.900 Mark erhöhte. Diese Modelle gab es noch bis November 1960 zu kaufen, ehe im Februar 1961 ein Nachfolge-Coupé auf Basis des Heckflossenmodells W 111/3 lieferbar wurde.

Einer der ersten Prospekte über den neuen 180, ganz im illustrativen Stil eines Walter Gotschke. Reisen in die weite Welt – möglichst in den Süden – waren stets ein beliebtes Sujet, um ein Automobil begehrenswert erscheinen zu lassen . . .

Eine neue Mercedes-Generation: Typ 180

MERCEDES-BENZ
Typ 180

Links: 1955 erschien dieser Prospekt über den 180.
Rechts: Ein anderes Werbeblatt jener Zeit.

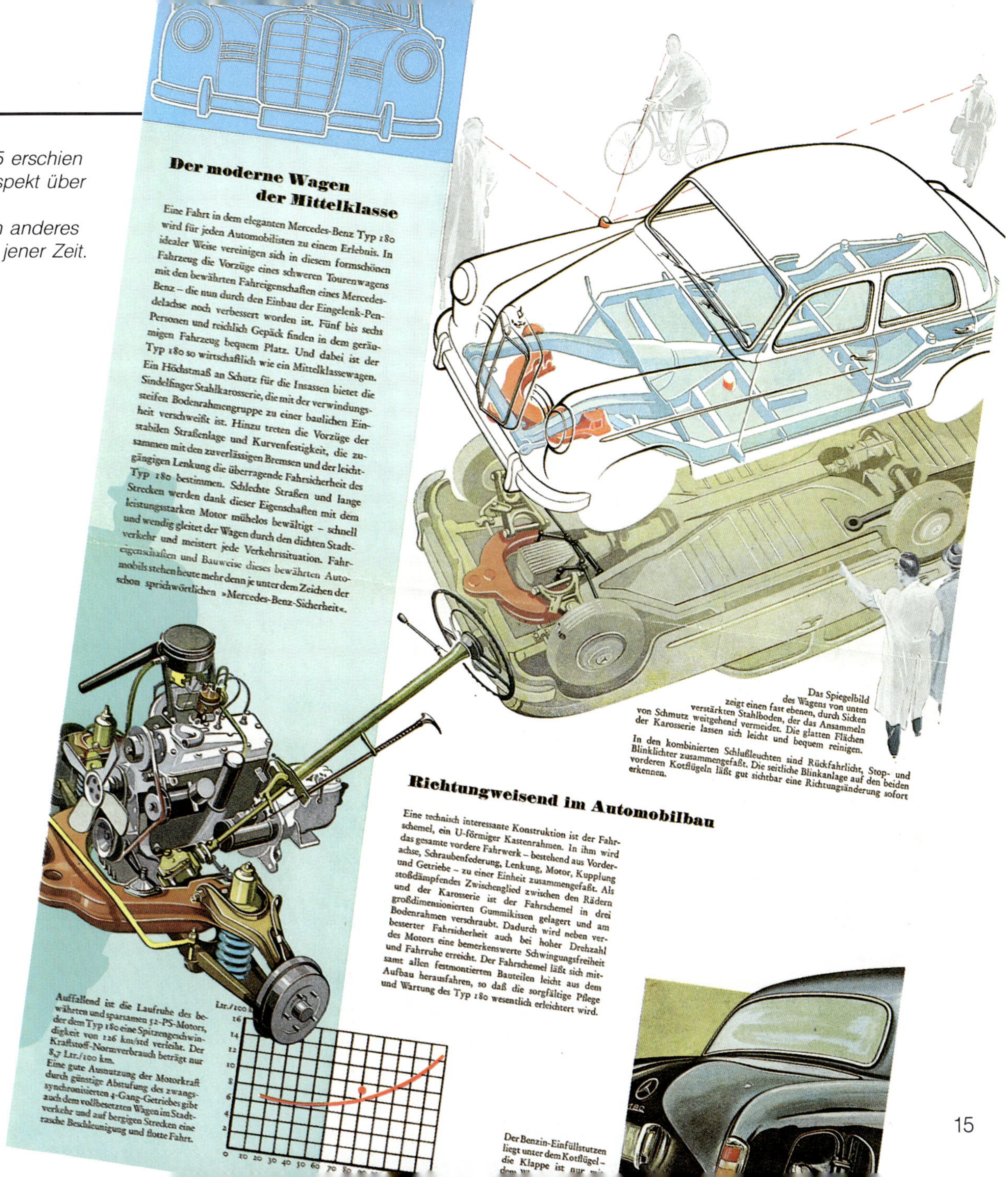

Der moderne Wagen der Mittelklasse

Eine Fahrt in dem eleganten Mercedes-Benz Typ 180 wird für jeden Automobilisten zu einem Erlebnis. In idealer Weise vereinigen sich in diesem formschönen Fahrzeug die Vorzüge eines schweren Tourenwagens mit den bewährten Fahreigenschaften eines Mercedes-Benz – die nun durch den Einbau der Eingelenk-Pendelachse noch verbessert worden ist. Fünf bis sechs Personen und reichlich Gepäck finden in dem geräumigen Fahrzeug bequem Platz. Und dabei ist der Typ 180 so wirtschaftlich wie ein Mittelklassewagen. Ein Höchstmaß an Schutz für die Insassen bietet die Sindelfinger Stahlkarosserie, die mit der verwindungssteifen Bodenrahmengruppe zu einer baulichen Einheit verschweißt ist. Hinzu treten die Vorzüge der stabilen Straßenlage und Kurvenfestigkeit, die zusammen mit den zuverlässigen Bremsen und der leichtgängigen Lenkung die überragende Fahrsicherheit des Typ 180 bestimmen. Schlechte Straßen und lange Strecken werden dank dieser Eigenschaften mit dem leistungsstarken Motor mühelos bewältigt – schnell und wendig gleitet der Wagen durch den dichten Stadtverkehr und meistert jede Verkehrssituation. Fahreigenschaften und Bauweise dieses bewährten Automobils stehen heute mehr denn je unter dem Zeichen der schon sprichwörtlichen »Mercedes-Benz-Sicherheit«.

Auffallend ist die Laufruhe des bewährten und sparsamen 52-PS-Motors, der dem Typ 180 eine Spitzengeschwindigkeit von 126 km/std verleiht. Der Kraftstoff-Normverbrauch beträgt nur 8,7 Ltr./100 km.
Eine gute Ausnutzung der Motorkraft durch günstige Abstufung des zwangssynchronisierten 4-Gang-Getriebes gibt auch dem vollbesetzten Wagen im Stadtverkehr und auf bergigen Strecken eine rasche Beschleunigung und flotte Fahrt.

Das Spiegelbild des Wagens von unten zeigt einen fast ebenen, durch Sicken verstärkten Stahlboden, der das Ansammeln von Schmutz weitgehend vermeidet. Die glatten Flächen der Karosserie lassen sich leicht und bequem reinigen.

In den kombinierten Schlußleuchten sind Rückfahrlicht, Stop- und Blinklichter zusammengefaßt. Die seitliche Blinkanlage auf den beiden vorderen Kotflügeln läßt gut sichtbar eine Richtungsänderung sofort erkennen.

Richtungweisend im Automobilbau

Eine technisch interessante Konstruktion ist der Fahrschemel, ein U-förmiger Kastenrahmen. In ihm wird das gesamte vordere Fahrwerk – bestehend aus Vorderachse, Schraubenfederung, Lenkung, Motor, Kupplung und Getriebe – zu einer Einheit zusammengefaßt. Als stoßdämpfendes Zwischenglied zwischen den Rädern und der Karosserie ist der Fahrschemel in drei großdimensionierten Gummikissen gelagert und am Bodenrahmen verschraubt. Dadurch wird neben verbesserter Fahrsicherheit auch bei hoher Drehzahl des Motors eine bemerkenswerte Schwingungsfreiheit und Fahrruhe erreicht. Der Fahrschemel läßt sich mitsamt allen festmontierten Bauteilen leicht aus dem Aufbau herausfahren, so daß die sorgfältige Pflege und Wartung des Typ 180 wesentlich erleichtert wird.

Der Benzin-Einfüllstutzen liegt unter dem Kotflügel – die Klappe ist

MERCEDES-BENZ *Typ 180*

Der komfortable Wagen für alle Entfernungen

Seit seinem Erscheinen hat der Mercedes-Benz Typ 180 mit seinen außergewöhnlichen Fahreigenschaften und seinem Raumkomfort überall in der Welt zahlreiche Freunde gewonnen. Die hervorragende Straßenlage dieses eleganten Gebrauchswagens wurde durch den Einbau der „Eingelenkpendelachse" nun noch gesteigert. Diese aus den Rennerfahrungen heraus entwickelte Hinterachse hat im „220" bereits ihre Bewährungsprobe bestanden. Die moderne Sindelfinger Karosserie des 180 wahrt den typischen Mercedes-Benz-Charakter durch das traditionelle Kühlergesicht, das sich harmonisch mit der ästhetischen Form des modernen Fahrzeugs verbindet. Die gediegene Ausstattung in dem großen Fahrgastraum entspricht der unaufdringlichen Eleganz dieses zeitlos schönen Automobils. Dank seiner Bauweise und seinem überragenden Fahrkomfort haben seine Insassen mit jedem Kilometer, den sie im Typ 180 zurücklegen, das Gefühl einer echten Geborgenheit und der schon sprichwörtlichen „Mercedes-Benz-Sicherheit".

Der Längsschnitt durch den 180 zeigt die günstigen Raumverhältnisse im Inneren des Wagens und im Heck: viel Raum für die Fahrgäste auf den Vordersitzen wie im Fond und ungewöhnlich viel Platz für das „große Gepäck".

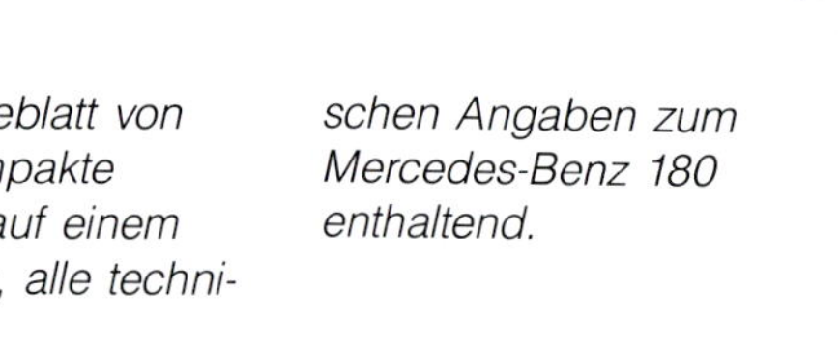

Oben: Werbeblatt von 1955 – kompakte Information auf einem DIN-A-4-Blatt, alle technischen Angaben zum Mercedes-Benz 180 enthaltend.

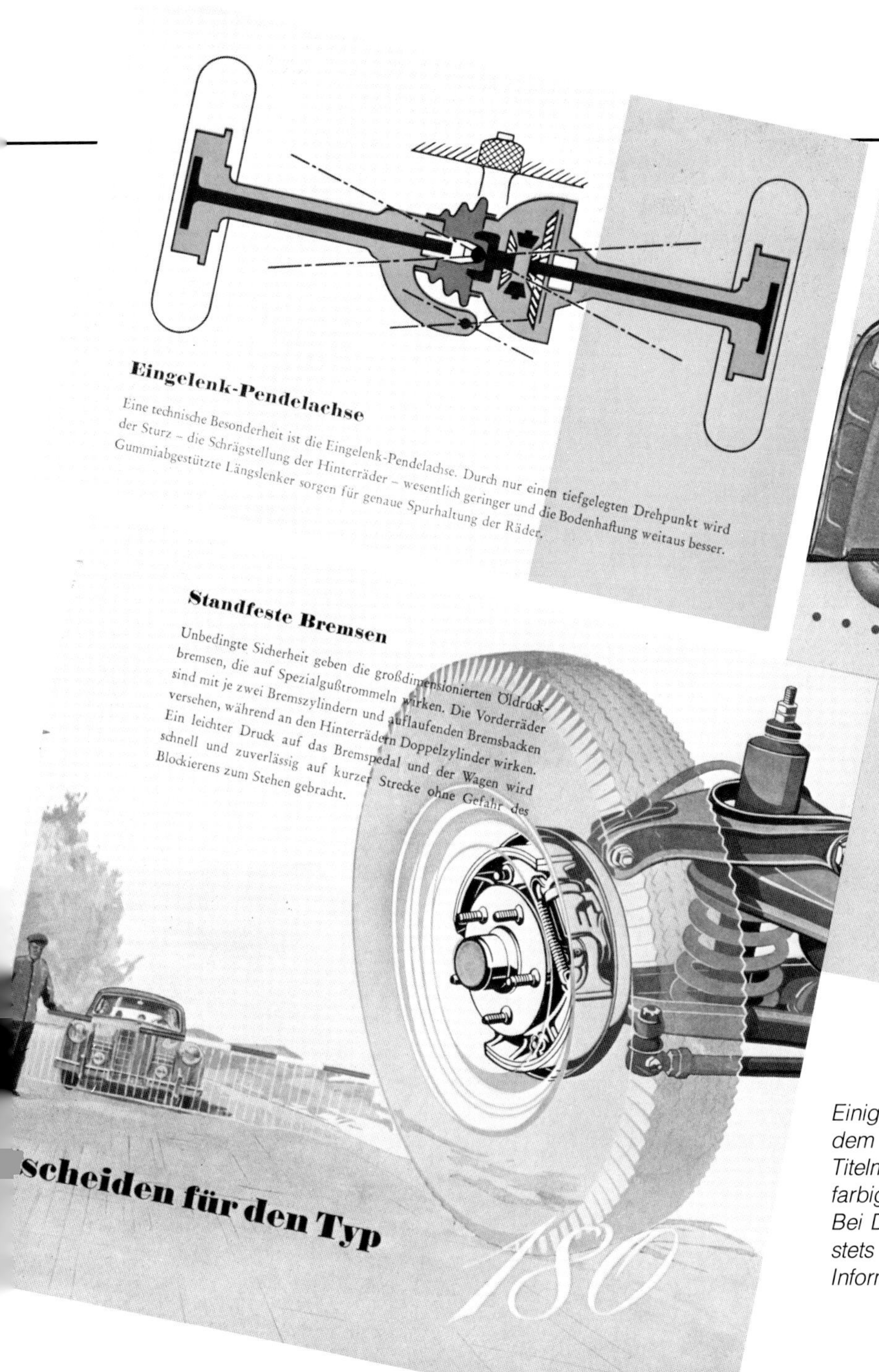

Eingelenk-Pendelachse

Eine technische Besonderheit ist die Eingelenk-Pendelachse. Durch nur einen tiefgelegten Drehpunkt wird der Sturz – die Schrägstellung der Hinterräder – wesentlich geringer und die Bodenhaftung weitaus besser. Gummiabgestützte Längslenker sorgen für genaue Spurhaltung der Räder.

Standfeste Bremsen

Unbedingte Sicherheit geben die großdimensionierten Öldruckbremsen, die auf Spezialgußtrommeln wirken. Die Vorderräder sind mit je zwei Bremszylindern und auflaufenden Bremsbacken versehen, während an den Hinterrädern Doppelzylinder wirken. Ein leichter Druck auf das Bremspedal und der Wagen wird schnell und zuverlässig auf kurzer Strecke ohne Gefahr des Blockierens zum Stehen gebracht.

scheiden für den Typ

180

Vier Türen laden ein

Durch vier breite, gegen die Fahrtrichtung aufgehende Türen kann man unbehindert ein- und aussteigen. Beim Öffnen der Türen schaltet sich automatisch die Innenbeleuchtung ein. Eine Schürze an den hinteren Türen reicht über die Kotflügel und vermeidet das Beschmutzen der Kleider beim Einsteigen.

180

Einige Innenseiten aus dem Prospekt, dessen Titelmotiv auf Seite 14 farbig wiedergegeben ist. Bei Daimler-Benz gab es stets detaillierte Technik-Information.

MERCEDES-BENZ
TYPE
180

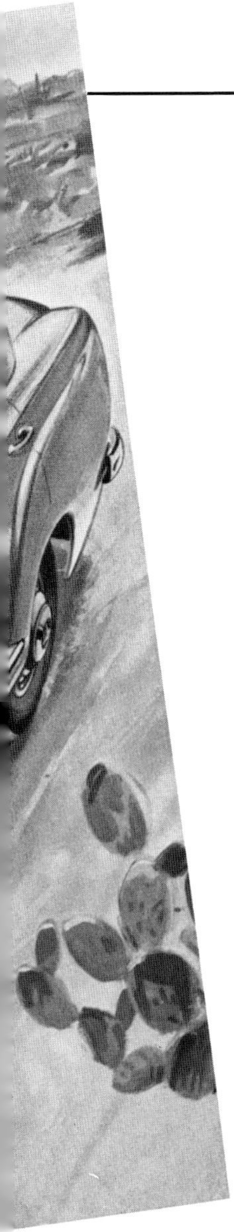

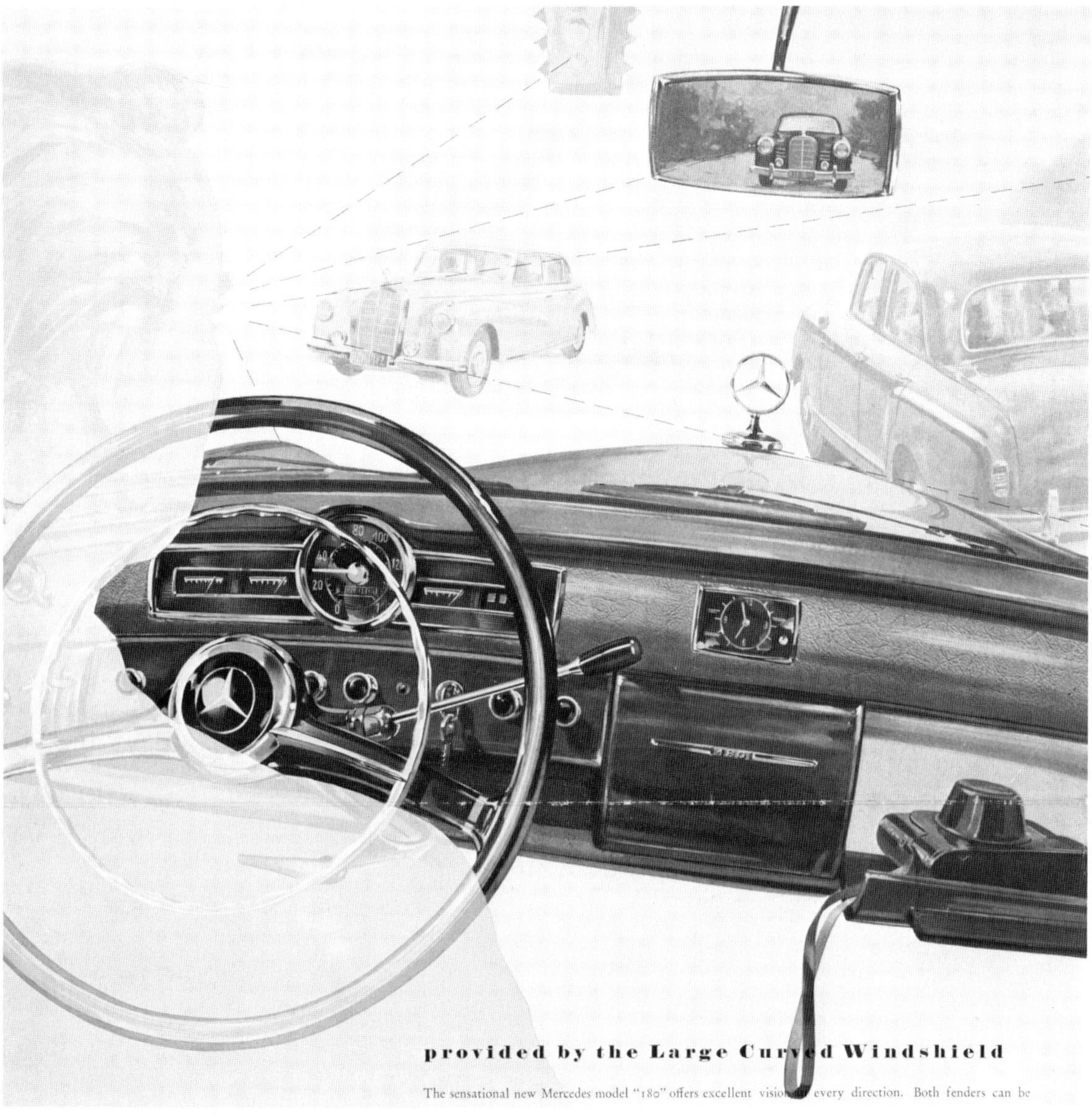

Große Fensterflächen – eines der Hauptargumente für die neue Karosserieform.

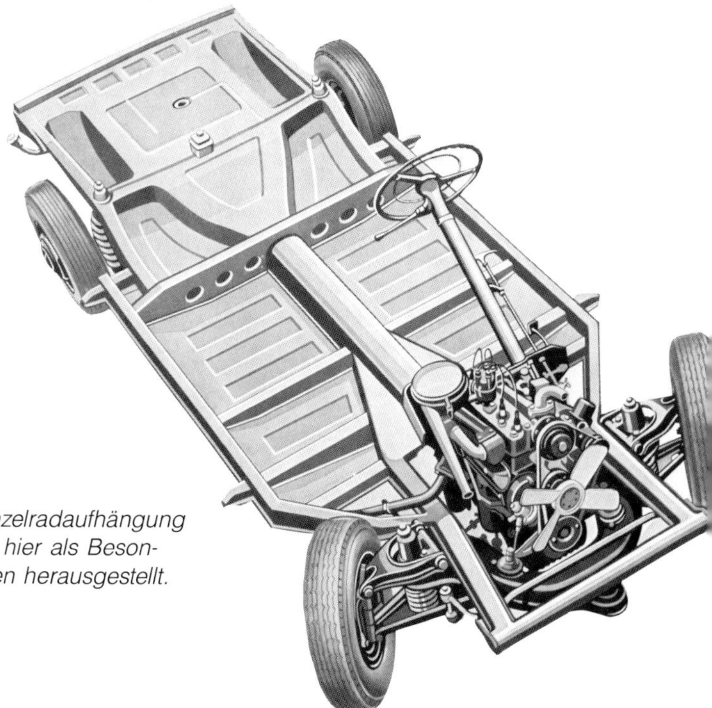

1955 erschien auch dieser Katalog. Der stabile Plattformrahmen und Einzelradaufhängung werden hier als Besonderheiten herausgestellt.

Eines der ersten Prospektblätter, das den 180 a beschreibt. Es erschien 1957 und stellte den Motor mit 1897 ccm Hubraum vor.

Höhere Beschleunigung, noch mehr Bergsteigfähigkeit und eine Reihe von Detailverbesserungen ringsum werden in diesem Prospekt von 1958 apostrophiert. Ein aufwendig illustrierter Farbdruck in der klassischen Mercedes-Benz-Erscheinungsform.

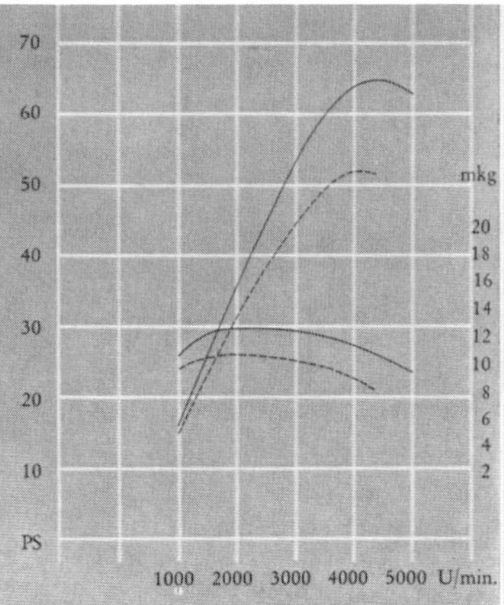

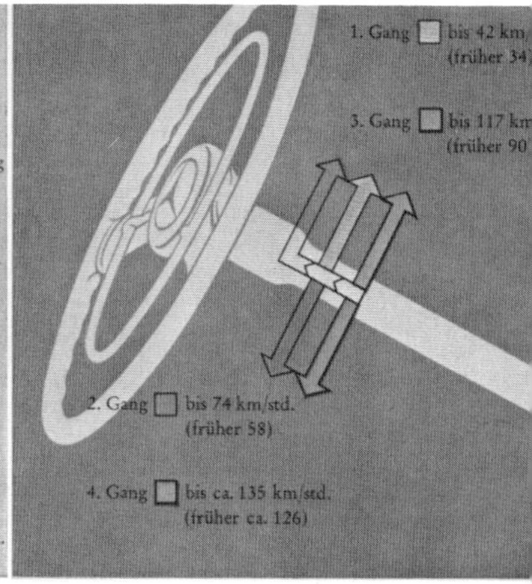

Mit neuem Temperament und neuem Fahrkomfort

Hier zeigt sich Ihnen der neue Motor des 180, modern in seinem Aufbau, zuverlässig in seiner Funktion und präzise gebaut wie jeder der vielen hunderttausend Motoren aus der ältesten Automobilfabrik der Welt. Das Temperament seiner 65 PS und sein enormes Stehvermögen können Sie nutzen, wann und wo Sie es wünschen — beim Anfahren wie beim Überholen oder während stundenlanger Vollgasfahrten. Sicher und schnell lösen Sie den 180 auch aus unübersichtlichen Verkehrssituationen heraus; und am Berg profitieren Sie von den Kraftreserven des neuen Motors durch gleichbleibend zügige Fahrt. Dabei hat er gegenüber dem bisherigen 180-Motor nicht allein an Leistungsfähigkeit gewonnen, auch die Lebensdauer des Kurzhubers wird durch den geringeren Verschleiß der bewegten Teile noch gesteigert.

Ähnlich und doch ganz anders gibt sich dieser Katalog im Vergleich zu dem links abgebildeten. Vor allem hat man die Typographie verändert. Das Herzstück des neuen 180 ist der Kurzhubmotor mit 65 PS.

-0. JULI 1961
-0. JULI 1961

MERCEDES-BENZ

180

4 DOOR SEDAN

Low Cost Elegance . . .

"I bought it for its economy but I love it for its dependability!" That statement just about sums up the experience of practically every owner of a Mercedes-Benz 180. Of course, such other highly desirable qualities as comfort, safety, easy handling and good performance—which this car has in full measure—should likewise have been mentioned. Also beauty—a bonus quality which, with the introduction of the new and improved Model 180, has become a more noticeable factor. The lower hood and wider radiator grille blend with the perfectly plain bumpers to give a very distinctive-looking head-on appearance.

There are no unnecessary ornamentations, or embellishments, to detract from the clean, simple, good looks, by which the Mercedes-Benz 180 is known the world over. The rear of the 180 has also been redesigned and the car has a much trimmer and better tailored "going-away" look. But perhaps the most attractive feature is the spacious, well planned, perfectly appointed interior which is pure luxury in every detail. Building such roominess into a car with such sensibly small exterior dimensions is one of the designers' crowning achievements.

Safe operation is the keynote in describing the 180 interior. Well tailored padding is used on all major contact surfaces. Even the steering wheel hub is padded for chest protection. All instruments and controls are placed for the minimum effort in operation and observation.

Oben: Prospektblatt für Amerika. Rechts: Ankündigung des 180 D – ein Katalog von 1955.

Über 150.000 Käufer entschieden sich in der Zeit von 1953 bis 1962 für einen 180er mit Dieselmotor – und das waren durchaus nicht nur Taxifahrer. Der 180 D machte Automobilgeschichte; viele absolvierten enorme Kilometerleistungen. Die Wirtschaftlichkeit des 180 D war sprichwörtlich – in einem Langstrecken-Verbrauchstest, den Alfred Neubauer 1956 mit der Presse durchführte, wurden Schnitt-Verbrauchswerte von fünf Liter pro 100 Kilometer ermittelt. Dieselkraftstoff war damals noch sehr viel billiger als Vergaserkraftstoff.

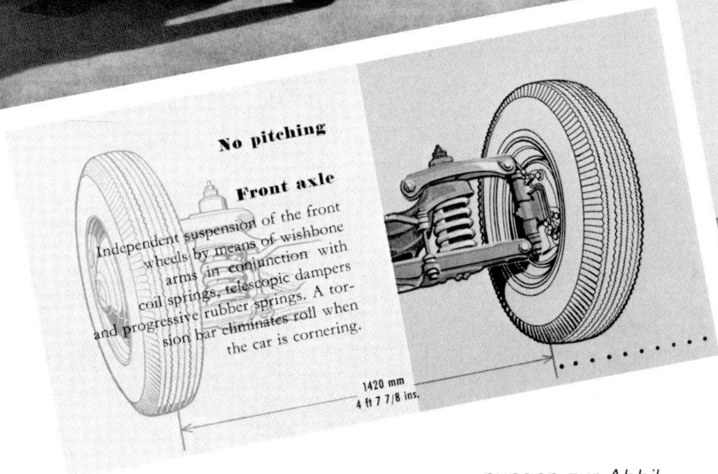

1954er Export-Katalog für den 180 D. Teils kommen Fotos, teils farbige Zeichnungen zur Abbildung; einige Illustrationen stimmen mit denen des Prospektes von Seite 25 überein.

Prospektblatt für den 180 D, ebenfalls aus dem Jahre 1954. Auf die Wirtschaftlichkeit des 1767-ccm-Motors wird besondere Betonung gelegt.

Die nüchterne Titelseite, bar jeder Illustration, ist bei Daimler-Benz längst Tradition. Dieser großzügig aufgemachte Katalog erschien 1957.

keit

Wer wünschte sich nicht ein Fahrzeug mit allen Vorzügen, die man sich von einem guten Automobil nur erträumen kann! Es müßte ein Wagen sein, in dem täglich notwendige Geschäftsfahrten wie erholsame Reisen die gleiche Freude bereiten. Er sollte elegant aussehen und großzügig in Raum und Komfort sein. Natürlich müßte er ausgezeichnete Fahreigenschaften besitzen, die es erlauben, seine hohen Reisedurchschnitte stets sicher auszunutzen. Und das Wichtigste – er sollte so wirtschaftlich wie ein weit kleinerer Wagen sein. Zu viel verlangt, meinen Sie? Nein, alle diese Wünsche erfüllt Ihnen der Typ 180 D. Wann Sie auch immer unterwegs sein mögen, ob geschäftlich oder privat, in diesem Fahrzeug sind Sie stets gern am Steuer. Schlechte Straßen- oder Wetterverhältnisse erschrecken Sie nicht. Im Typ 180 D fahren Sie mit der gleichen selbstverständlichen Sicherheit über schlechte Wege wie durch enge Kurven. Weder Kälte noch Regen trüben Ihre gute Laune in diesem Wagen, denn Sie können stets im angenehmsten Klima reisen. Mehr als drei Kubikmeter behaglicher Innenraum bieten den Platz, den Sie sich immer wünschten. Sie sitzen bequem wie in einem Sessel und spüren kaum den leisen Lauf des Diesel-Motors. Erst beim Tanken wird Ihnen wieder bewußt, daß Sie einen Diesel fahren – und die so erfreulich niedrigen Kraftstoffrechnungen machen Ihnen Ihren Typ 180 D noch sympathischer.

Romantisches Deutschland: Titelmotiv eines sechsseitigen 180-D-Prospektes mit klarer Grafik, ganz im Stil der fünfziger Jahre.

Oben: 1957 kam auch dieser Prospekt zur Ausgabe, dessen Inhalt mit dem zum Ottomotor-180er übereinstimmt – bis auf die Angaben zur Dieselmaschine natürlich.
Rechts: 1956 kam der Mercedes-Benz Typ 190 auf den Markt; dieser Katalog datiert von 1958. Vom 180er ist der Wagen äußerlich nur durch den etwas breiteren Kühler und mehr Chrom zu unterscheiden.

Der 190er – mehr als eine neue Typenbezeichnung

Mit dem – wenn auch in der Leistung gedrosselten – Motor des Sportwagens 190 SL erschien 1956 der Mercedes-Benz 190. Das ohc-Aggregat mit hängenden Ventilen taugte für 140 km/h, im 190 b (ab 1959) sogar für 145. Für einen Preis unter 9.500 Mark erhielt man „viel Auto fürs Geld". Eine Kleinigkeit mehr Chrom und eine etwas breitere Kühlermaske unterschieden den 190 vom 180; ansonsten waren die Karosserieformen der voluminösen Viertürer identisch. Den 190 bzw. 190 b gab es bis 1961 in insgesamt 90.000 Exemplaren.

Die Frau am Steuer – noch ein seltenes Illustrationsmotiv.

Die Haltung der Dame am Volant ist zeitgemäß, darf man sagen.

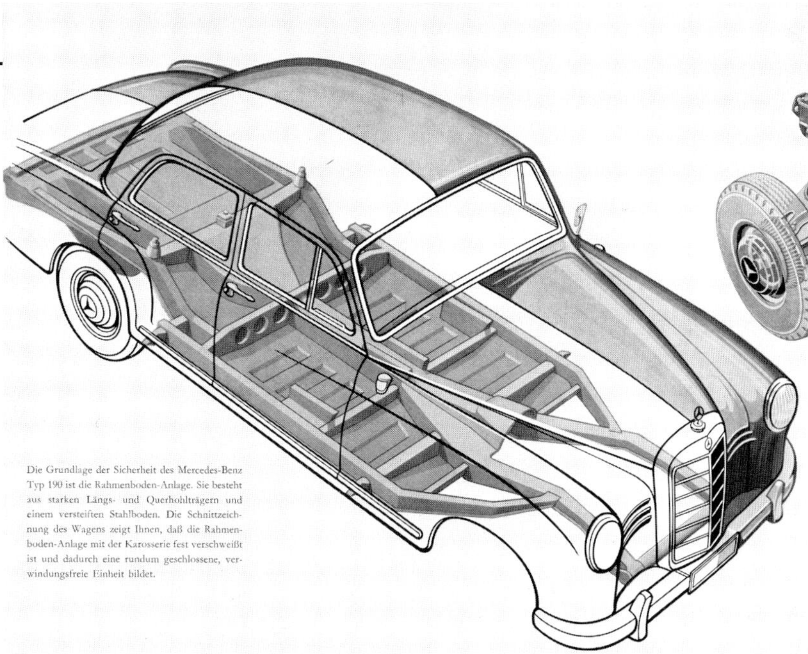

Die Grundlage der Sicherheit des Mercedes-Benz Typ 190 ist die Rahmenboden-Anlage. Sie besteht aus starken Längs- und Querhohlträgern und einem versteiften Stahlboden. Die Schnittzeichnung des Wagens zeigt Ihnen, daß die Rahmenboden-Anlage mit der Karosserie fest verschweißt ist und dadurch eine rundum geschlossene, verwindungsfreie Einheit bildet.

Hier wiederum spricht man – im gleichen Katalog – den Mann an. Es geht um technische Besonderheiten, Sicherheitsaspekte – bei Daimler-Benz immer wieder starke Argumente, die in der Werbung vordergründig plaziert werden.

Daß Sie sich in diesem eleganten Innenraum das ganze Jahr über wohlfühlen, dafür sorgt die vorbildliche Heizung und Lüftung. An beiden Seiten des Armaturenbrettes, für Fahrer und Beifahrer getrennt zu bedienen, kann sie nach Wunsch gradfein eingestellt werden. Gleichzeitig werden Windschutzscheibe und Seitenfenster belüftet. Ein Standentfroster- und Heizgebläse hält den Innenraum auch beim Parken oder bei langsamer Fahrt in angenehmer Temperatur.

Ein klassisches Motiv für einen englischsprachigen Prospekt, der inhaltlich dem von Seite 32/33 entspricht. Man produzierte ihn für in der Bundesrepublik stationierte US-Kunden. Unten: Einzelblatt für den 190er von 1957.

Das Armaturenbrett des 190 bietet sich – wie beim bewährten Typ 180 – mit der klaren, griffnahen Anordnung aller Bedienungsorgane förmlich an zum leichten, sicheren Fahren. Wer diese Einladung annimmt, verliert auch bei schneller Fahrt nie den Überblick über das, was auf der Straße seine Aufmerksamkeit verlangt. Die Mühelosigkeit, mit der Sie den 75 PS dieses schnellen Wagens gebieten, läßt Sie die vielen Dinge genießen, die Ihrer Bequemlichkeit zuliebe eingefügt wurden. Die Serienausstattung enthält u. a.: Oktanzahlkompensator, Frontscheibe aus Sicherheits-Verbundglas, Sicherheitsschlösser. Radio-Einbau auf Wunsch bei Mehrpreis.

Mit Leichtigkeit zu fahren

Starke Scheibenwischer mit großen Wischblättern halten ein weites, durchgehendes Blickfeld frei. Durch elektrischen Antrieb arbeiten sie unabhängig von der Motordrehzahl zuverlässig mit gleichbleibender Kraft.

Die serienmäßig eingebaute Lichthupe ist eines jener Ausstattungsdetails, die für Ihre Sicherheit im Verkehr geschaffen wurden. Vor allem beim Überholen ist sie das sofort kenntliche Signal für Ihre Verkehrspartner.

Rechts und links getrennt, als stromsparende Parkleuchten einschaltbar, sind die seitlichen Blinkleuchten des 190. Wirkungsvolle Parklichter sind auch in den kombinierten Heckleuchten enthalten, die überdies lichtstarke Schluß- und Bremslichter sowie einen starken Rückfahrscheinwerfer aufnehmen, der Ihnen das Einfahren in Parklücken bei Dunkelheit erleichtert.

Unterschiedlich im Titel, aber identisch in der Aussage: Zwei 190er-Kataloge von 1956/57.

Oben: Faltprospekt für den 190 D von 1958. Die werblichen Akzente liegen ganz auf dem Thema Wirtschaftlichkeit. Rechts: Ein ausführlicher Katalog zum 190 D.

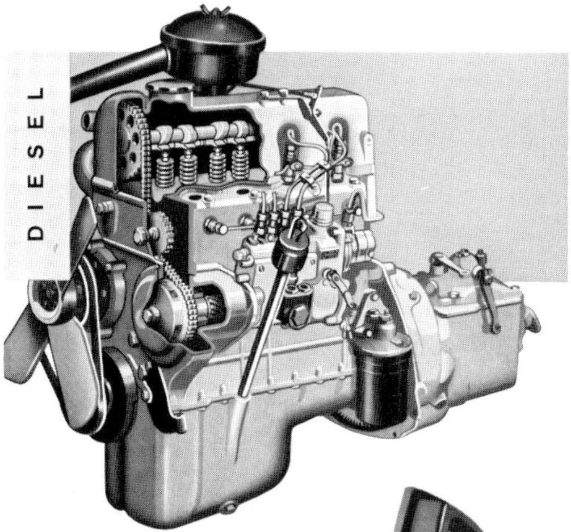

Auch der im Herbst 1958 eingeführte 190 D wurde zu einem Bestseller. Bis Mitte 1961 wurden von ihm insgesamt 82.000 gebaut. Dieses Fahrzeug war eine geglückte Synthese zwischen Wirtschaftlichkeit und Komfort, denn er hob sich in vieler Hinsicht deutlich vom 180 D ab. Auch dieser Mercedes-Personenwagen war im Preis unter 10.000 Mark angesiedelt.

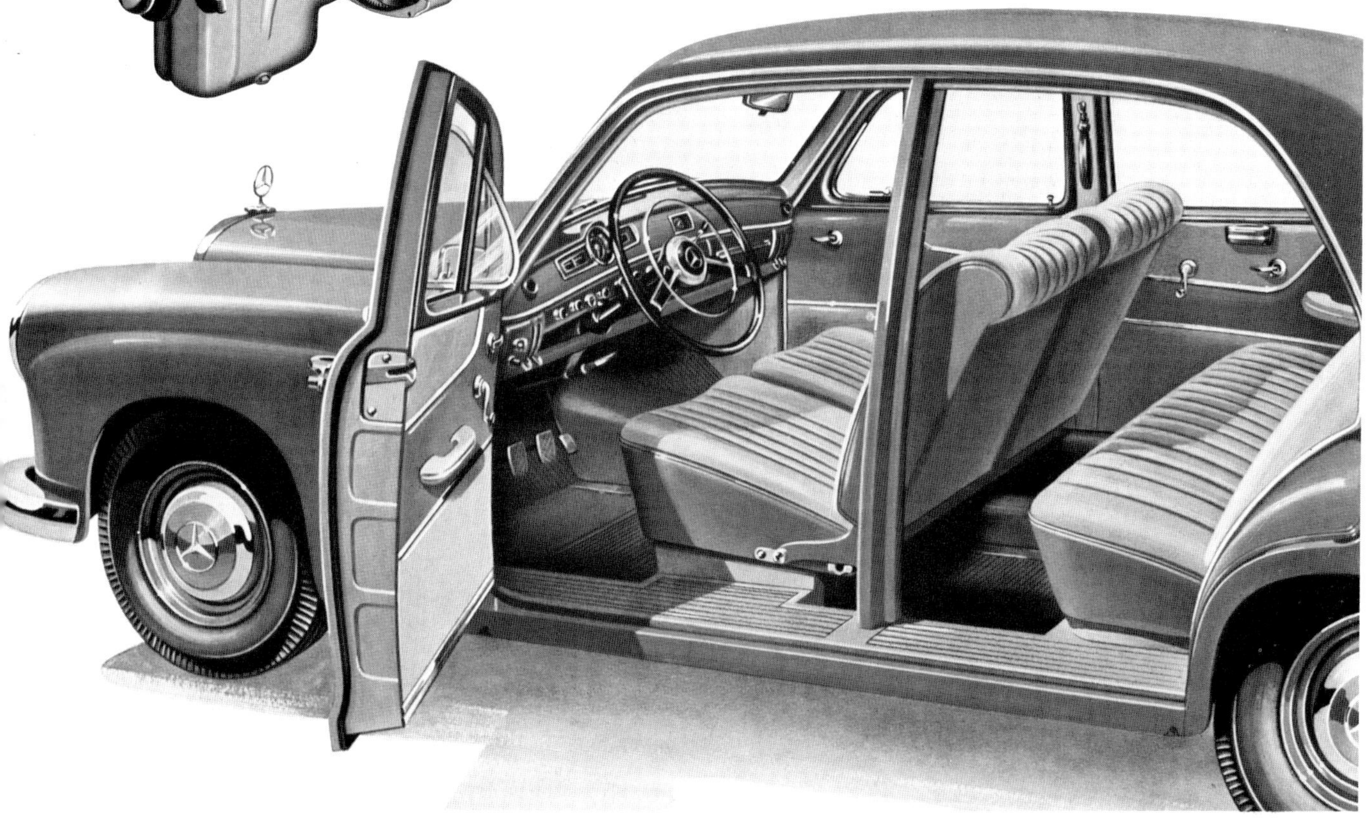

DIESEL

In der Gestaltung werden die Werbemittel nüchterner, sie entbehren jetzt des literarischen Umfelds. Aber die Bilder sprechen für sich. Das große Faltschiebedach wurde gern bestellt!

Fast ein Zwozwanzig . . .

Als eine Art Einsteigermodell in die Sechszylinder-Klasse figurierte der von 1956 bis 1959 hergestellte Mercedes-Benz 219. In Format und Ausstattung entsprach er dem 190, doch Kühlerfront und Antriebsaggregat kamen vom 220. Genau 27.845 Exemplare wurden hergestellt – mehr als vom 220 a.

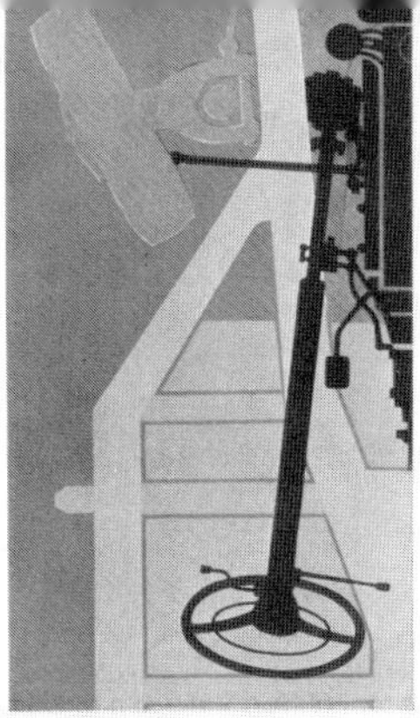

Sicherheit ist seine Stärke

Die hervorragenden Fahreigenschaften des Mercedes-Benz Typ 219 sind das Ergebnis umfangreicher Erfahrungen und unzähliger Versuche. Die Konstruktionen, die schließlich entwickelt wurden, sind qua[illegible] so hochwertig und in ihren Wirkungen so aufeinander abgestimmt, daß das praktische Ergebnis letztlich weit überdurchschnittlich sein mußte. Heute haben sich diese Konstruktionen auch unter schwierigsten Bedingungen zehntausendfach bewährt und verdienen darum auch Ihr uneingeschränktes Vertrauen.

In die Rahmenboden-Anlage, die den Wagen nach unten voll schützend abschließt, ist vorne der Fahrschemel gummigepolstert eingebaut. Er faßt in einem Aggregat Motor, Getriebe, Lenkung und Vorderradaufhängung zusammen und ermöglicht leichtes Ein- und Ausbauen des gesamten Aggregates zur Wartung. Die isolierende Art der Lagerung fängt dazu Geräusche und Schwingungen wirkungsvoll ab. Die unabhängige Aufhängung der Vorderräder durch Doppelquerlenker mit Schraubenfedern, Teleskopstoßdämpfern und Drehstab-Stabilisator, bewirkt im Zusammenspiel mit der berühmten Eingelenkpendelachse hinten das außerordentlich gute Straßenverhalten, die unbeirrbare Spursicherheit und Kurvenfestigkeit des 219. Dieser Wagen liebt es, sportlich gefahren zu werden. Daß er dabei dem Fahrer sicher in der Hand liegt, bewirkt im besonderen die Mercedes-Benz-Kugelumlauflenkung mit automatischer Nachstellung, die bei geringstem Kraftaufwand präzise und schnell reagiert. Ein Lenkungsstoßdämpfer hält alle Straßeneinflüsse von der Steuerung fern. So leicht und sicher wie die Lenkung sind auch die Bremsen zu bedienen. Sie sind der Geschwindigkeit des Wagens überlegen. Ein leichter Fußdruck genügt, und kraftvoll fassen die luftgekühlten Turbobremsen zu. Ihre automatische Nachstellung ist ein zusätzlicher Sicherheitsfaktor.

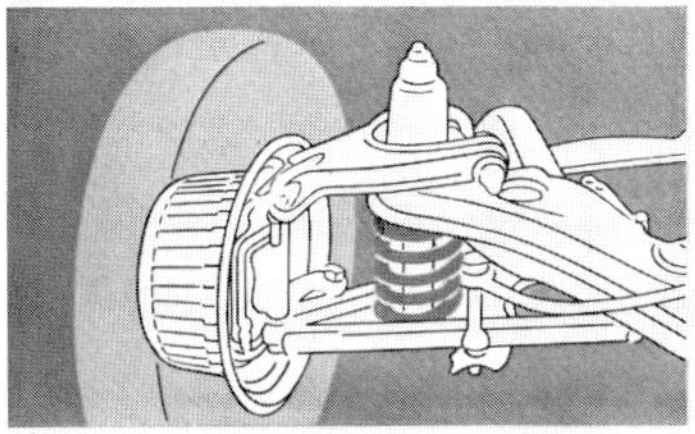

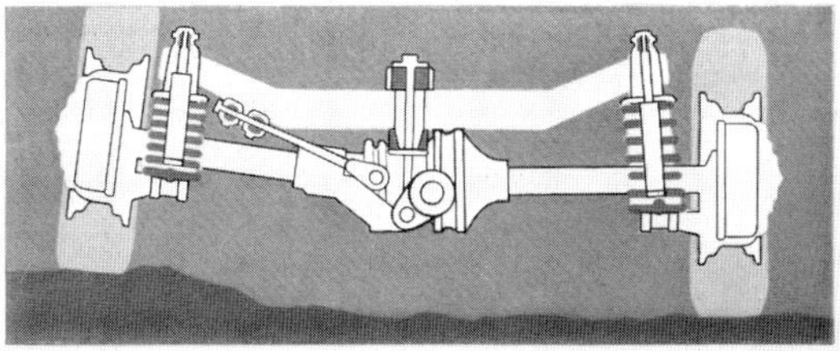

Wenn schlechte Straßen in einem 219 wie glattgebügelt erscheinen, so ist das zu einem guten Teil den beruhigenden Eigenschaften der Mercedes-Benz-Eingelenkpendelachse zuzuschreiben. Die beiden langen, freischwingenden Halbachsen sind an einem tiefgelegten Drehpunkt miteinander verbunden. Reibungs- und wartungsfreie Schraubenfedern mit Gummi-Zusatzfedern und Teleskopstoßdämpfer bewirken die vorbildliche Federung.

Oben und rechts: Technische Details, einschließlich Getriebe-Automatik – sind wieder Inhalt dieser Aussagen in einem knallgelben Katalog zum Mercedes-Benz Typ 219.

Links: Das war keineswegs eine übertriebene Farbdarstellung: Soviel Platz hatte man als Fond-Passagier im 219. Ein Prospekt von 1957.

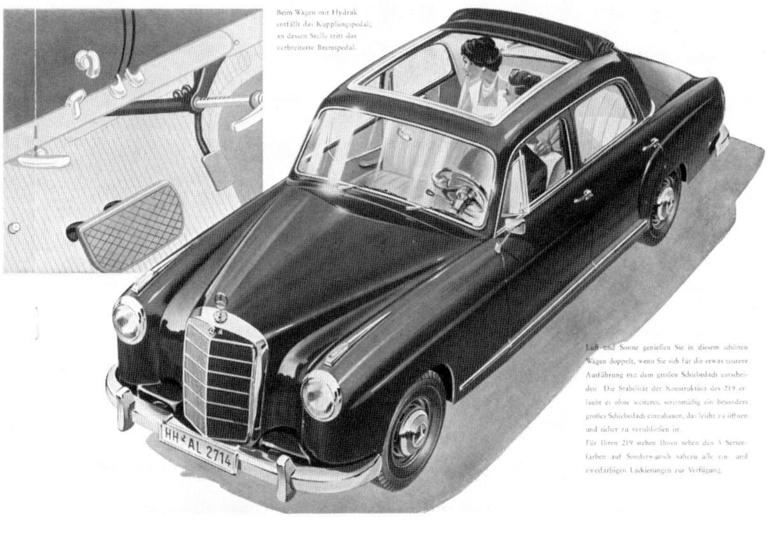

Beim Wagen mit Hydrak entfällt das Kupplungspedal; an dessen Stelle tritt das verbreiterte Bremspedal.

Luft und Sonne genießen Sie in diesem schönen Wagen doppelt, wenn Sie sich für die etwas teurere Ausführung mit dem großen Schiebedach entscheiden. Die Stabilität der Konstruktion des 219 erlaubt es ohne weiteres, serienmäßig ein besonders großes Schiebedach einzubauen, das leicht zu öffnen und sicher zu verschließen ist.

Für Ihren 219 stehen Ihnen neben den 5 Serienfarben auf Sonderwunsch nahezu alle ein- und zweifarbigen Lackierungen zur Verfügung.

Wahre Kunstwerke offenbaren sich in diesem umfangreichen Katalog, der den 219 in allen Einzelheiten wiedergibt. Kein Foto würde diese Brillanz bringen. . .

Maßstäblich viel zu kleine Menschen gehören seit jeher zur Automobilwerbung. Umso imponierender die Spiegeldarstellung des Fahrgestells (oben) in diesem Prachtkatalog von 1959.

MERCEDES-BENZ
S-T 139
219

Der neue Mercedes-Benz 220 a

Mit 12.500 Mark lag der Preis des neuen, 1954 präsentierten Sechszylinders deutlich über dem des Vierzylinders. Der Wagen bot aber auch alles, was man von der oberen Mittelklasse (oder untere Oberklasse) erwarten konnte. Wahlweise gab es sogar Lederpolster, die zum Edelholz vorn und an den Fensterleisten bestens paßten. Ein nobles Auto für den verwöhnten Mercedes-Fahrer. Viele Exemplare des 220 a gingen auch in den Export, für das Nachkriegsdeutschland damals von großer Bedeutung.

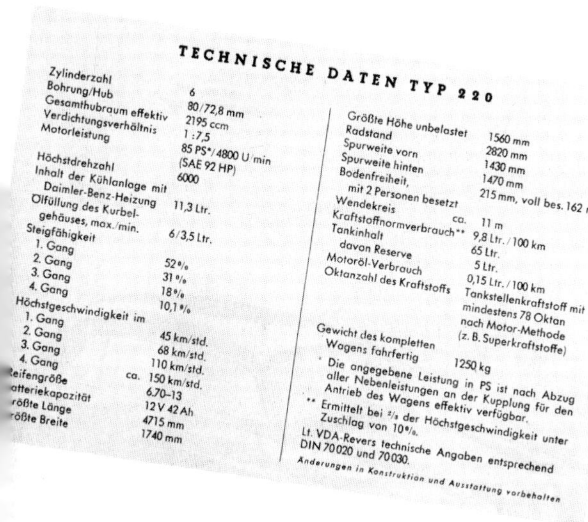

TECHNISCHE DATEN TYP 220

Zylinderzahl	6
Bohrung/Hub	80/72,8 mm
Gesamthubraum effektiv	2195 ccm
Verdichtungsverhältnis	1 :7,5
Motorleistung	85 PS*/4800 U/min (SAE 92 HP)
Höchstdrehzahl	6000
Inhalt der Kühlanlage mit Daimler-Benz-Heizung	11,3 Ltr.
Ölfüllung des Kurbelgehäuses, max./min.	6/3,5 Ltr.
Steigfähigkeit	
1. Gang	52 %
2. Gang	31 %
3. Gang	18 %
4. Gang	10,1 %
Höchstgeschwindigkeit im	
1. Gang	45 km/std.
2. Gang	68 km/std.
3. Gang	110 km/std.
4. Gang	ca. 150 km/std.
eifengröße	6.70–13
atteriekapazität	12 V 42 Ah
rößte Länge	4715 mm
rößte Breite	1740 mm
Größte Höhe unbelastet	1560 mm
Radstand	2820 mm
Spurweite vorn	1430 mm
Spurweite hinten	1470 mm
Bodenfreiheit, mit 2 Personen besetzt	215 mm, voll bes. 162 mm
Wendekreis	ca. 11 m
Kraftstoffnormverbrauch**	9,8 Ltr./100 km
Tankinhalt	65 Ltr.
davon Reserve	5 Ltr.
Motoröl-Verbrauch	0,15 Ltr./100 km
Oktanzahl des Kraftstoffs	Tankstellenkraftstoff mit mindestens 78 Oktan nach Motor-Methode (z. B. Superkraftstoffe)
Gewicht des kompletten Wagens fahrfertig	1250 kg

* Die angegebene Leistung in PS ist nach Abzug aller Nebenleistungen an der Kupplung für den Antrieb des Wagens effektiv verfügbar.

** Ermittelt bei 2/3 der Höchstgeschwindigkeit unter Zuschlag von 10%.

Lt. VDA-Revers technische Angaben entsprechend DIN 70020 und 70030.

Änderungen in Konstruktion und Ausstattung vorbehalten

Links: Geradezu „märchenhaft" erscheint hier der junge Prinz auf dem Schimmel einem Mercedes-Fahrer, der eigentlich schon genügend PS unter der Haube hat, nämlich 90.

Typenblatt für den neuen 220er. Im Hintergrund der 300er, dezent angedeutet – und 10.000 Mark teurer.

Mit goldfarbenem Einband und Präge-Schriftzug präsentierte sich dieser aufwendig produzierte Katalog, eines Mercedes-Benz 220 a durchaus würdig. Sein Sammlerwert entspricht dem Fahrzeug, das er beschreibt.

Auf viele praktische Einzelheiten wird eingegangen. Klare Typographie und viel weißer Raum lassen die Gestaltung großzügig erscheinen.

Eine verschließbare Klappe sichert den abgedeckten Tank-Einfüllstutzen gegen unerwünschte Zugriffe.

Weder bei greller Sonne noch im starken Scheinwerferstrahl ist das warnende Licht der kombinierten Schlußleuchten zu übersehen, in denen Schluß-, Brems- und Parklicht sowie Blinklicht und Rückfahrleuchte vereint sind. Die Blinker sind mit der Blinkanlage auf den beiden vorderen Kotflügeln parallelgeschaltet, während die stromsparenden Parklichter nach Bedarf für beide Seiten getrennt eingeschaltet werden können. Der in die linke Schlußleuchte einbezogene Rückfahr-Scheinwerfer erleichtert Ihnen in der Nacht das Einrangieren beim Parken und das Wenden auf freier Strecke.

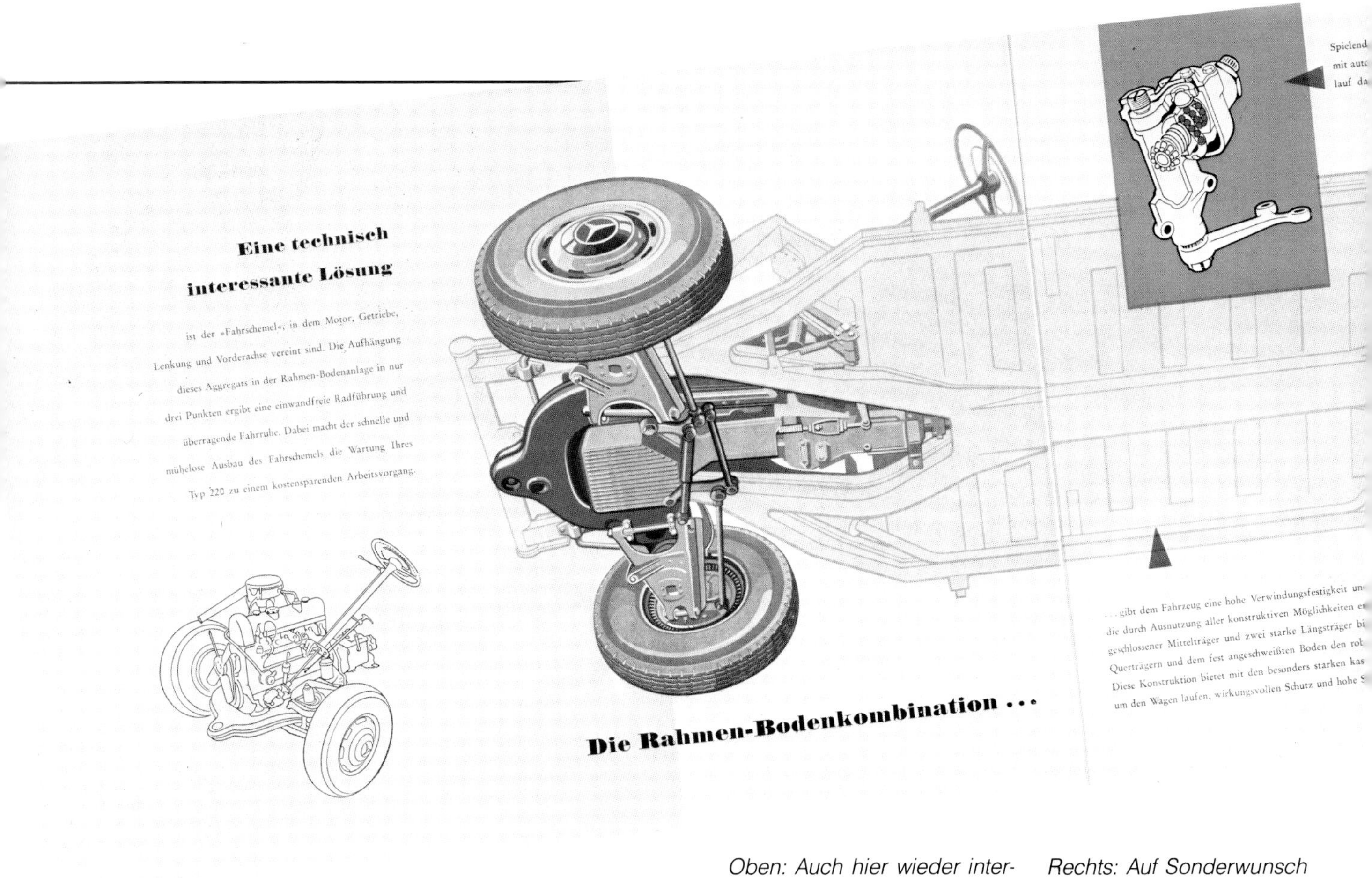

Oben: Auch hier wieder interessante Aussagen, grafisch hervorragend umgesetzt, für den an der Technik Interessierten. Ganz oben ein Hinweis auf die sich automatisch nachstellende Kugelumlauflenkung.

Rechts: Auf Sonderwunsch gab es ein Radio, der Form des Armaturenbretts angepaßt, Liegesitze, eine Fond-Mittelarmstütze und einen paßgerechten Koffersatz gemäß alter Mercedes-Benz-Tradition.

…t die Mercedes-Benz-Kugelumlauflenkung …g, deren spielfreier Gang und leichter Rück-… …urvenreichen Strecken zur Freude machen.

Mit Bremsverstärker

Ein leichter Pedaldruck genügt – und weich aber sicher bringen die kräftigen Turbo-Bremsen mit der serienmäßigen Bremsverstärkeranlage den schnellen und starken Wagen zum Stehen. Die breiten Rippen der Bremstrommeln – die an der Vorderachse aus Aluminium mit einer Graugußeinlage bestehen – leiten die Wärme auch bei langandauernder Beanspruchung der Bremsen zuverlässig ab und erhalten ihren hohen Wirkungsgrad.

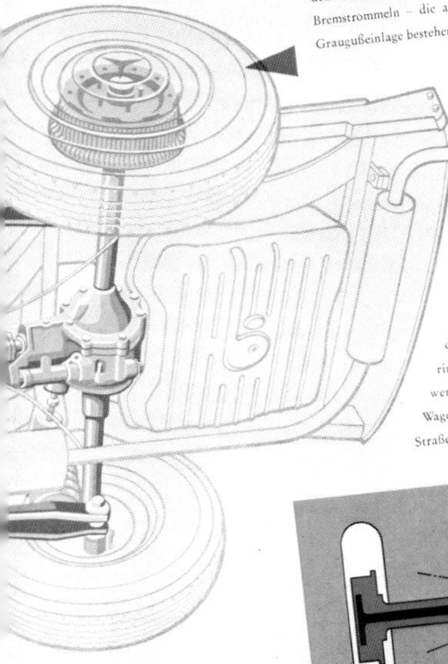

Eingelenk-Pendelachse

Eine weitere Besonderheit des Typ 220 ist die richtungsweisende Konstruktion der Eingelenk-Pendelachse, die aus den Rennerfahrungen heraus entwickelt wurde. Durch nur einen tiefgelegten Drehpunkt werden die Halbachsen der Hinterachse länger und damit der Sturz – die Schrägneigung der Hinterräder – wesentlich geringer, während die Bodenhaftung weitaus verbessert werden konnte. Dank dieser Vorzüge lenken Sie den Wagen mit selbstverständlicher Sicherheit über schlechte Straßen und durch enge Kurven.

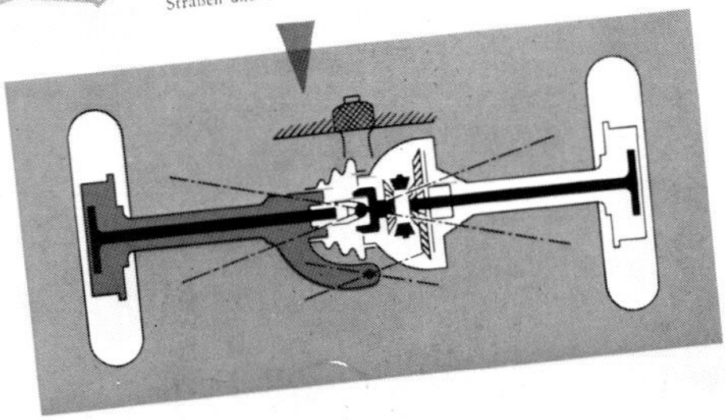

…äftigen
…eil.
…n, die rings
…ion.

Besondere Sorgfalt wurde auf die wirkungsvolle Heizungs- und Belüftungsanlage verwendet, die Sie mit je drei Bedienungshebeln rechts und links am Armaturenbrett getrennt einstellen können. Mit den äußeren blaumarkierten Hebeln dosieren Sie die Luftzufuhr, und zwar mit dem oberen die Zufuhr für die Windschutz- und Seitenscheibe, mit dem unteren dagegen die Fußraumbelüftung. Die inneren Hebel mit der roten Markierung dienen zur Regulierung der Heizung. Unabhängig von der Witterung reisen Sie so stets im angenehm temperierten Wagen, denn die Anlage erlaubt eine feine Abstimmung jedes gewünschten Klimas. Zusätzliche Entfrosterdüsen auf jeder Seite des Armaturenbretts halten selbst bei scharfer Kälte die vorderen Seitenscheiben klar. Der durch die Luftzufuhr von außen entstehende Staudruck sorgt für rasche Lufterneuerung und verhindert gleichzeitig das Eindringen von Staub. Auf Sonderwunsch wird noch ein Gebläse eingebaut, mit dem Sie den Wagen auch im Stand belüften und wärmen können.

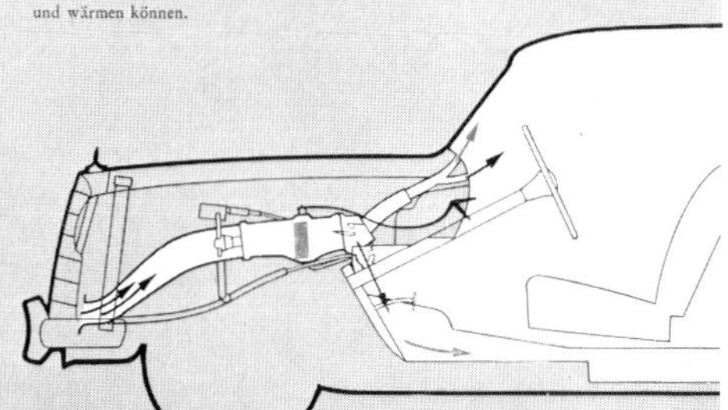

Auf Sonderwunsch …

wird für den 220 ein Schiebedach geliefert, das die Vorteile eines Cabriolets mit den Annehmlichkeiten einer Limousine verbindet. Mühelos läßt sich das Dach öffnen und schließen. So genießen Sie im Sommer die Freude des »offenen« Fahrens

kann in der Mitte des Armaturenbrettes ein klangschönes Radio eingebaut werden, das sich in seiner Form dem Armaturenbrett anpaßt

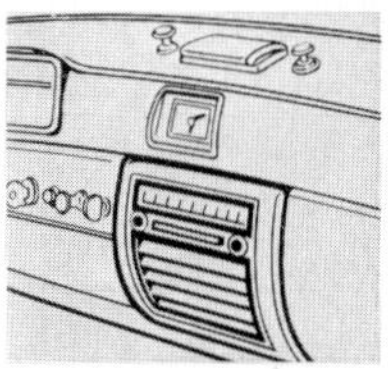

läßt sich im Typ 220 eine Ruhe-Sitzeinrichtung anbringen, bei der die Lehnen der Vordersitze beliebig verstellt werden können

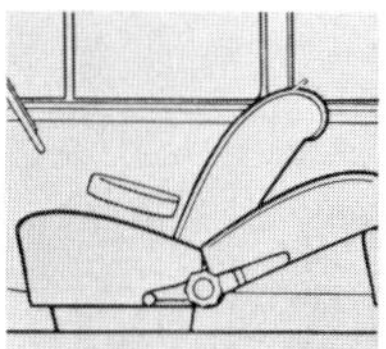

wird für die Fondsitzbank wie für die Vordersitzbank eine herausklappbare Mittelarmlehne geliefert, die den Komfort weiter erhöht

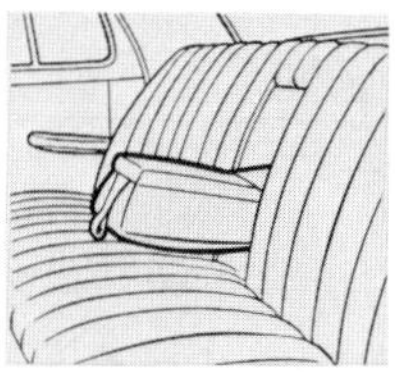

erhalten Sie für lange Reisen einen Spezial-Koffersatz, mit dem Sie den großen Kofferraum des 220 noch besser ausnutzen können

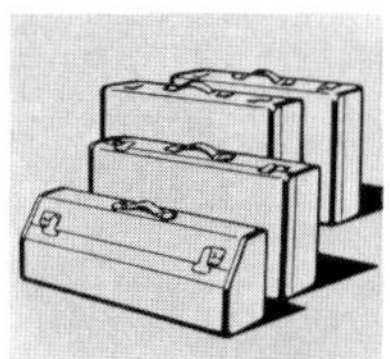

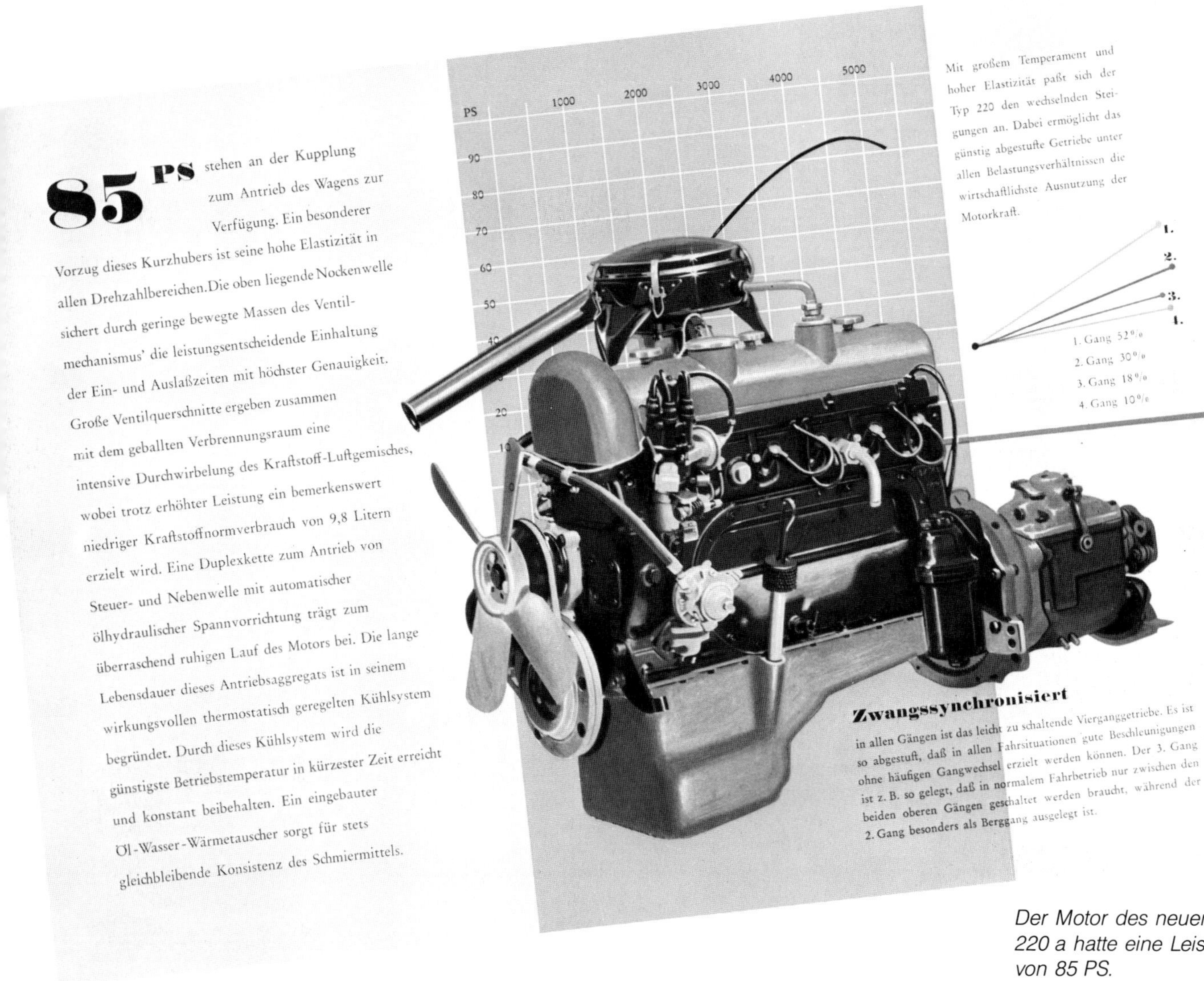

85 PS stehen an der Kupplung zum Antrieb des Wagens zur Verfügung. Ein besonderer Vorzug dieses Kurzhubers ist seine hohe Elastizität in allen Drehzahlbereichen. Die oben liegende Nockenwelle sichert durch geringe bewegte Massen des Ventilmechanismus' die leistungsentscheidende Einhaltung der Ein- und Auslaßzeiten mit höchster Genauigkeit. Große Ventilquerschnitte ergeben zusammen mit dem geballten Verbrennungsraum eine intensive Durchwirbelung des Kraftstoff-Luftgemisches, wobei trotz erhöhter Leistung ein bemerkenswert niedriger Kraftstoffnormverbrauch von 9,8 Litern erzielt wird. Eine Duplexkette zum Antrieb von Steuer- und Nebenwelle mit automatischer ölhydraulischer Spannvorrichtung trägt zum überraschend ruhigen Lauf des Motors bei. Die lange Lebensdauer dieses Antriebsaggregats ist in seinem wirkungsvollen thermostatisch geregelten Kühlsystem begründet. Durch dieses Kühlsystem wird die günstigste Betriebstemperatur in kürzester Zeit erreicht und konstant beibehalten. Ein eingebauter Öl-Wasser-Wärmetauscher sorgt für stets gleichbleibende Konsistenz des Schmiermittels.

Mit großem Temperament und hoher Elastizität paßt sich der Typ 220 den wechselnden Steigungen an. Dabei ermöglicht das günstig abgestufte Getriebe unter allen Belastungsverhältnissen die wirtschaftlichste Ausnutzung der Motorkraft.

Zwangssynchronisiert

in allen Gängen ist das leicht zu schaltende Vierganggetriebe. Es ist so abgestuft, daß in allen Fahrsituationen gute Beschleunigungen ohne häufigen Gangwechsel erzielt werden können. Der 3. Gang ist z. B. so gelegt, daß in normalem Fahrbetrieb nur zwischen den beiden oberen Gängen geschaltet werden braucht, während der 2. Gang besonders als Berggang ausgelegt ist.

Der Motor des neuen 220 a hatte eine Leistung von 85 PS.

Eleganz und Charme: In der Wahl adäquater Fotomotive spiegelt sich der noble Anspruch des Stuttgarter Sechszylinders wider.

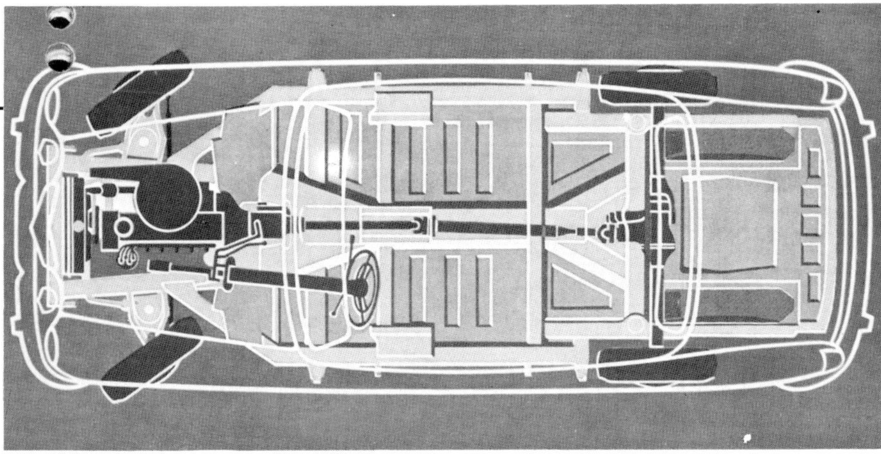

Der Prospekt zum 220 S von 1956/57 war der Reihe der üblichen Daimler-Benz-Werbemittel angepaßt, jedoch mit einem Einband in Kupferbronze versehen und enthielt unter anderem eine große Zahl guter Farbfotos. Unten ein Bild vom 220 auf dem Prüffeld.

Abbildung aus einem Katalog, der 1958 herauskam und den 220 S sowie den 220 SE zum Inhalt hat.

Immer aufwendiger wird die DB-Werbe-Farbfotografie, sowohl im Studio als auch draußen. . . (1958)

220 S

Motor des 220 S aus einem Katalog, der 1959 speziell für das Coupé und das Cabriolet erschien.

Natürlich können Sie diesem eleganten Reisewagen auch eine persönliche Note geben, z. B. durch die Wahl der Lackierung. Außer den fünf Serienfarben können Sie auf Sonderwunsch zahlreiche weitere Farbtöne erhalten. Eine umfangreiche Farbmusterkarte steht Ihnen dazu zur Verfügung. Fast die Wirkung eines Cabriolets erzielen Sie durch das große, leicht zu bedienende Schiebedach, das Ihr Wagen auf Sonderwunsch erhält. Die stabile Bauweise des 220 S erlaubt den Einbau eines besonders großen Schiebedaches, das im Sommer und selbst an schönen Wintertagen den Fahrgenuß beträchtlich erhöht. Außerdem können Sie auf Sonderwunsch Weißwandreifen erhalten.

220 S und SE in einem gemeinsamen Prospekt von 1958. Weißwandreifen wurden zumindest von deutschen Mercedes-Kunden nicht allzu oft bestellt.

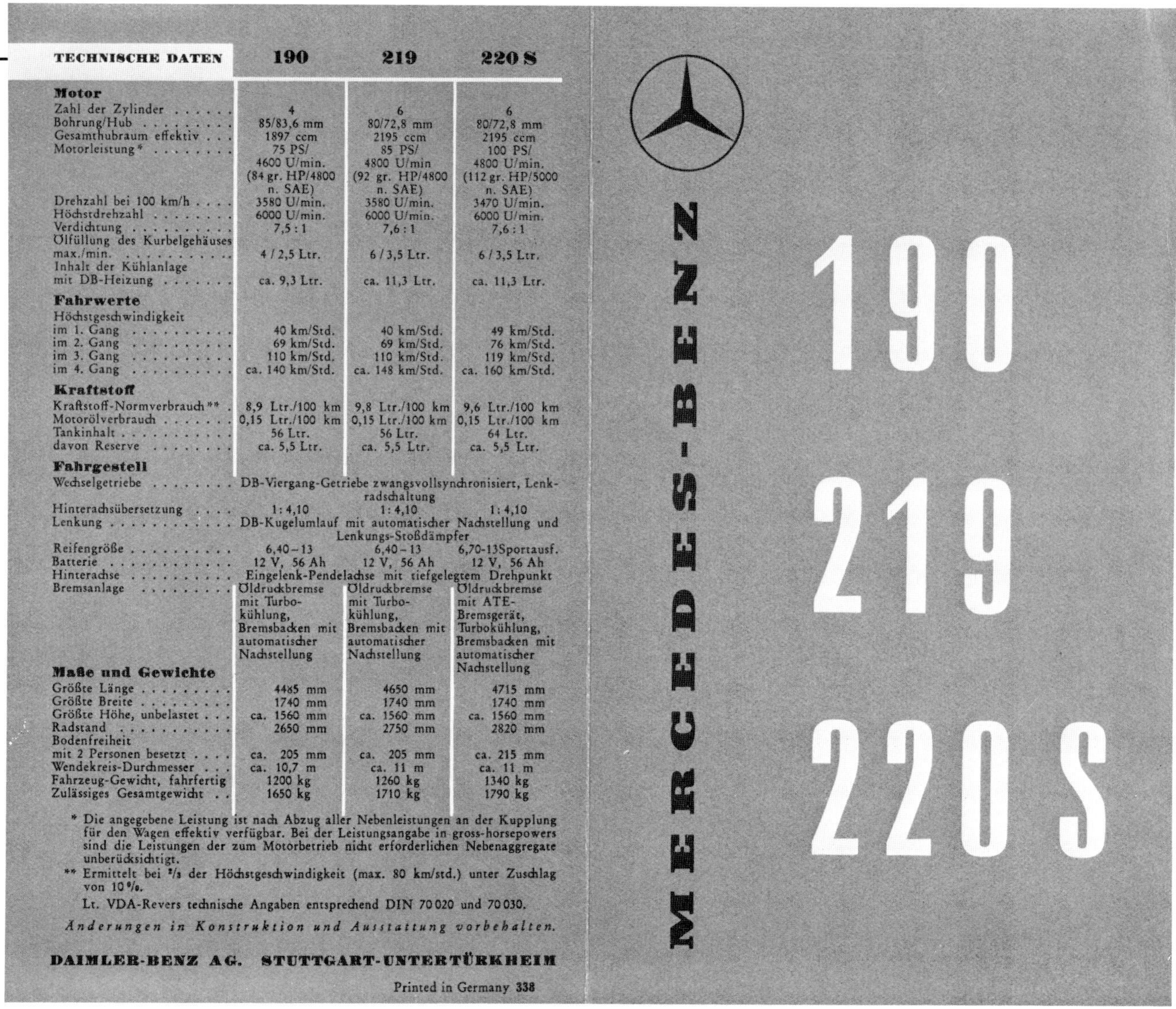

TECHNISCHE DATEN	190	219	220 S
Motor			
Zahl der Zylinder	4	6	6
Bohrung/Hub	85/83,6 mm	80/72,8 mm	80/72,8 mm
Gesamthubraum effektiv	1897 ccm	2195 ccm	2195 ccm
Motorleistung*	75 PS/ 4600 U/min. (84 gr. HP/4800 n. SAE)	85 PS/ 4800 U/min (92 gr. HP/4800 n. SAE)	100 PS/ 4800 U/min. (112 gr. HP/5000 n. SAE)
Drehzahl bei 100 km/h	3580 U/min.	3580 U/min.	3470 U/min.
Höchstdrehzahl	6000 U/min.	6000 U/min.	6000 U/min.
Verdichtung	7,5 : 1	7,6 : 1	7,6 : 1
Ölfüllung des Kurbelgehäuses max./min.	4 / 2,5 Ltr.	6 / 3,5 Ltr.	6 / 3,5 Ltr.
Inhalt der Kühlanlage mit DB-Heizung	ca. 9,3 Ltr.	ca. 11,3 Ltr.	ca. 11,3 Ltr.
Fahrwerte			
Höchstgeschwindigkeit			
im 1. Gang	40 km/Std.	40 km/Std.	49 km/Std.
im 2. Gang	69 km/Std.	69 km/Std.	76 km/Std.
im 3. Gang	110 km/Std.	110 km/Std.	119 km/Std.
im 4. Gang	ca. 140 km/Std.	ca. 148 km/Std.	ca. 160 km/Std.
Kraftstoff			
Kraftstoff-Normverbrauch**	8,9 Ltr./100 km	9,8 Ltr./100 km	9,6 Ltr./100 km
Motorölverbrauch	0,15 Ltr./100 km	0,15 Ltr./100 km	0,15 Ltr./100 km
Tankinhalt	56 Ltr.	56 Ltr.	64 Ltr.
davon Reserve	ca. 5,5 Ltr.	ca. 5,5 Ltr.	ca. 5,5 Ltr.
Fahrgestell			
Wechselgetriebe	DB-Viergang-Getriebe zwangsvollsynchronisiert, Lenkradschaltung		
Hinterachsübersetzung	1: 4,10	1: 4,10	1: 4,10
Lenkung	DB-Kugelumlauf mit automatischer Nachstellung und Lenkungs-Stoßdämpfer		
Reifengröße	6,40 – 13	6,40 – 13	6,70-13Sportausf.
Batterie	12 V, 56 Ah	12 V, 56 Ah	12 V, 56 Ah
Hinterachse	Eingelenk-Pendelachse mit tiefgelegtem Drehpunkt		
Bremsanlage	Öldruckbremse mit Turbokühlung, Bremsbacken mit automatischer Nachstellung	Öldruckbremse mit Turbokühlung, Bremsbacken mit automatischer Nachstellung	Öldruckbremse mit ATE-Bremsgerät, Turbokühlung, Bremsbacken mit automatischer Nachstellung
Maße und Gewichte			
Größte Länge	4485 mm	4650 mm	4715 mm
Größte Breite	1740 mm	1740 mm	1740 mm
Größte Höhe, unbelastet	ca. 1560 mm	ca. 1560 mm	ca. 1560 mm
Radstand	2650 mm	2750 mm	2820 mm
Bodenfreiheit mit 2 Personen besetzt	ca. 205 mm	ca. 205 mm	ca. 215 mm
Wendekreis-Durchmesser	ca. 10,7 m	ca. 11 m	ca. 11 m
Fahrzeug-Gewicht, fahrfertig	1200 kg	1260 kg	1340 kg
Zulässiges Gesamtgewicht	1650 kg	1710 kg	1790 kg

* Die angegebene Leistung ist nach Abzug aller Nebenleistungen an der Kupplung für den Wagen effektiv verfügbar. Bei der Leistungsangabe in gross-horsepowers sind die Leistungen der zum Motorbetrieb nicht erforderlichen Nebenaggregate unberücksichtigt.

** Ermittelt bei 2/3 der Höchstgeschwindigkeit (max. 80 km/std.) unter Zuschlag von 10 %.

Lt. VDA-Revers technische Angaben entsprechend DIN 70 020 und 70 030.

Änderungen in Konstruktion und Ausstattung vorbehalten.

DAIMLER-BENZ AG. STUTTGART-UNTERTÜRKHEIM

Printed in Germany **338**

MERCEDES-BENZ

190

219

220 S

Datenblatt für drei Modelle der oberen Mittelklasse, 1957 veröffentlicht.

Neue Typen – stärkere Motoren

Die Synthese von hervorragender Qualität, elegantem Komfort und hoher technischer Leistung begründet den besonderen Rang der Mercedes-Benz-Wagen in aller Welt und vermittelt ihren Besitzern immer wieder ein beglückendes Fahrerlebnis.

Zu diesen sprichwörtlichen Vorzügen tritt bei der jetzigen Erweiterung des Personenwagen-Programms der Daimler-Benz AG. durch die neuen Typen 190, 219 und 220 S – entwickelt aus den bewährten Typen 180 und 220 – eine nochmals erhöhte Motorleistung. Die neuen Motoren geben den Besitzern dieser Wagen eine noch größere Sicherheit durch die gute Beschleunigung und eine Leistungsreserve, die dank der einzigartigen Straßenlage jederzeit voll ausgenutzt werden kann.

In Verbindung mit der harmonisch-eleganten Form und Innenausstattung repräsentieren diese neuen Typen mit ihren Neuerungen Konstruktionen, die den Erwartungen der anspruchsvollen Automobilwelt entsprechen und echte Schrittmacher des technischen Fortschritts sind.

75 PS

Dem Hubraum nach ein Wagen der Mittelklasse, bietet der Typ 190 mit seinem neuen 75 PS-Motor und weiteren technischen Verbesserungen Leistung und Komfort eines großen Reisewagens. – Fallstrom-Register-Vergaser, Turbo-Bremse, Drehfenster, Lichthupe, Heizung, Entfroster- und Heizgebläse.

Typ 190

85 PS

Ein Wagen, der zusätzlich zu dem Raumkomfort des Typ 190 die Vorzüge des 85 PS starken, bewährten 6-Zylinder-Motors bietet. – Großes Beschleunigungsvermögen, hohe Dauergeschwindigkeit, Turbo-Bremsen, Drehfenster, Lichthupe, Heizung, Entfroster- und Heizgebläse.

Typ 219

100 PS

Der neue Typ 220 S ist als repräsentativer Reisewagen charakterisiert durch die besonders hohe Motorleistung von 100 PS und durch großzügig gestalteten Raum und Komfort. – Zwei Fallstrom-Register-Vergaser, Servo-Bremsen, turbogekühlt, Drehfenster, Lichthupe, Heizung, Entfroster- und Heizgebläse.

Typ 220 S

Rasse und Klasse: 220 S Cabrio und Coupé

Mit Vergaser- und ab Ende 1958 sogar mit Einspritzmotor (220 SE) avancierte der sportliche 220er rasch zu einem Klassiker unter dem Zeichen des Sterns. Als Limousine gab es das Auto nur 1958/59, als Coupé und Cabrio indessen bot man dieses Fahrzeug bereits ab Herbst 1956 an. 1.251 Stück wurden gebaut. Sein Grundpreis betrug 21.500 Mark.

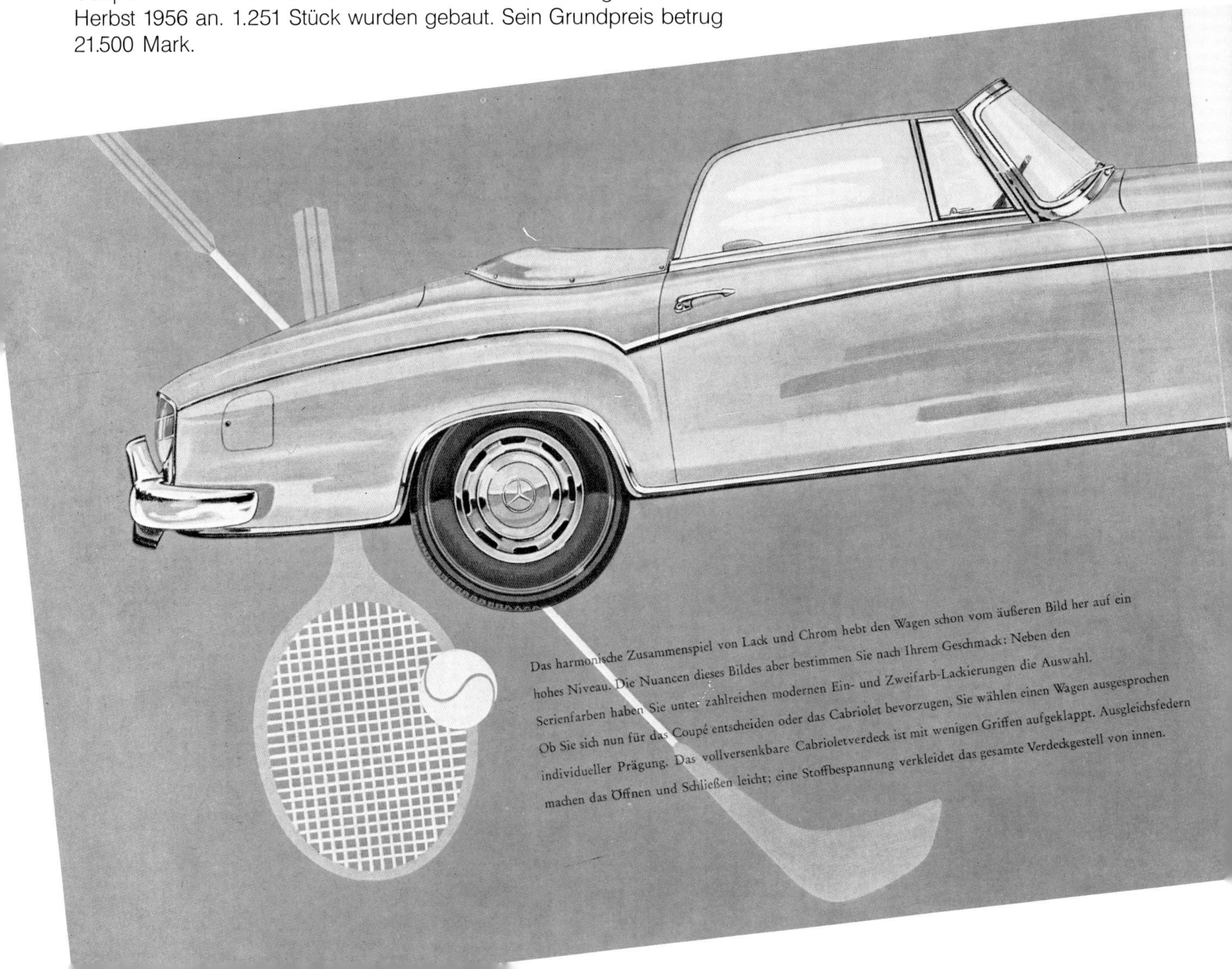

220-S-Cabrio/Coupé-Prospekt.
Ein Auto nicht nur für Golfspieler. . .

IM STIL ZEITLOSER ELEGANZ
In eigenwilliger, rassiger Form, verbunden mit den Vorzügen mod
so stellt sich das Mercedes-Benz 220 S Coupé den anspruchsvollen
in jedes Detail begründet den besonderen Wert dieses Wagens: Er is
temperamentvoll in der Leistung, überzeugend in seinen Fahreige
Die umfassende Gediegenheit spricht ebenso an wie die klassisch
In seiner äußeren Erscheinung verkörpert dieser Wagen den Ty
unberührt von modischen Einflüssen – immer modern bleiben.

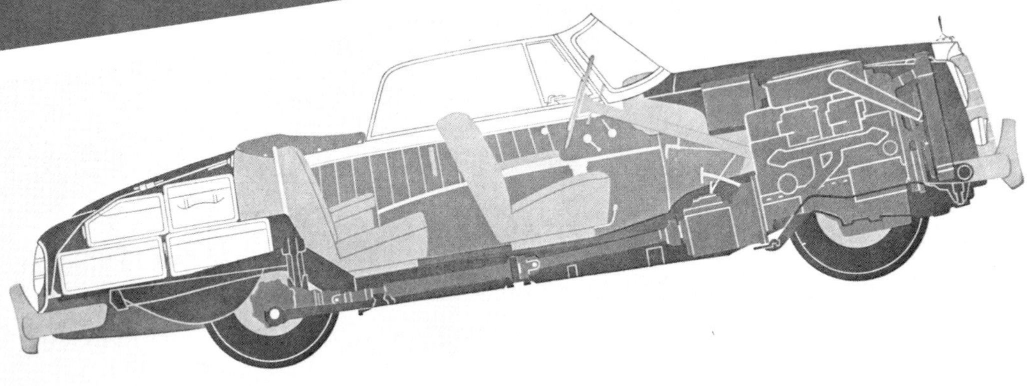

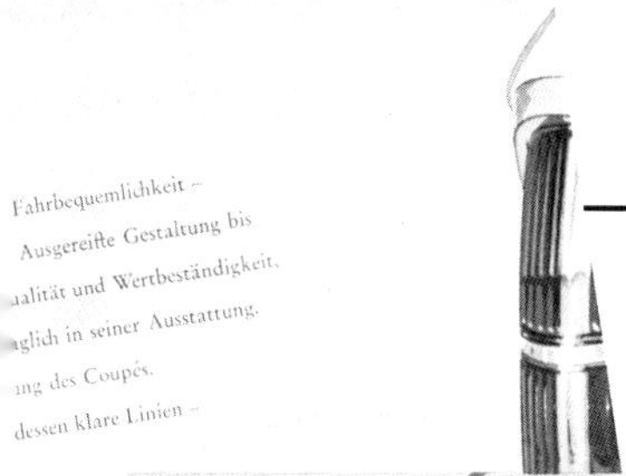

1959

Ein eleganter Zwei-plus-Zwei. Das Auto kostete damals 21.500 Mark, dafür bekäme man es heute wohl kaum mehr.

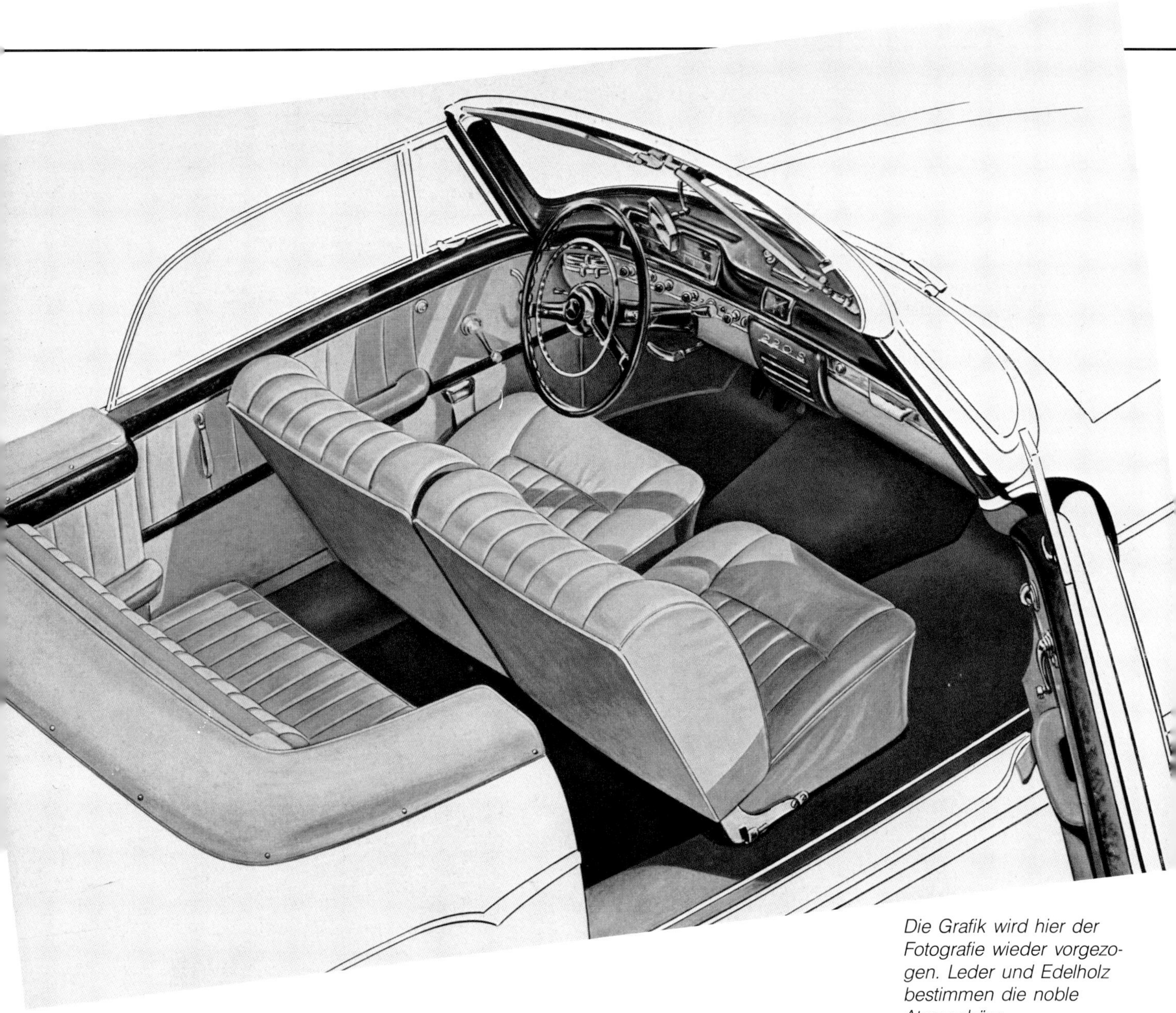

Die Grafik wird hier der Fotografie wieder vorgezogen. Leder und Edelholz bestimmen die noble Atmosphäre.

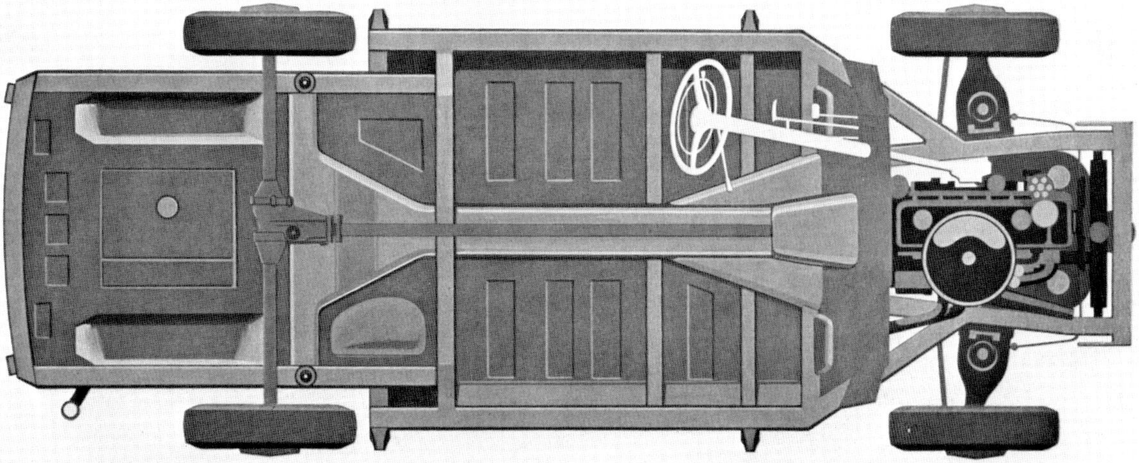

Gepäck nach Maß für den Platz hinter den Vordersitzen ist zu haben. . .

. . .wie auch Automatik für weniger sportlich Ambitionierte.

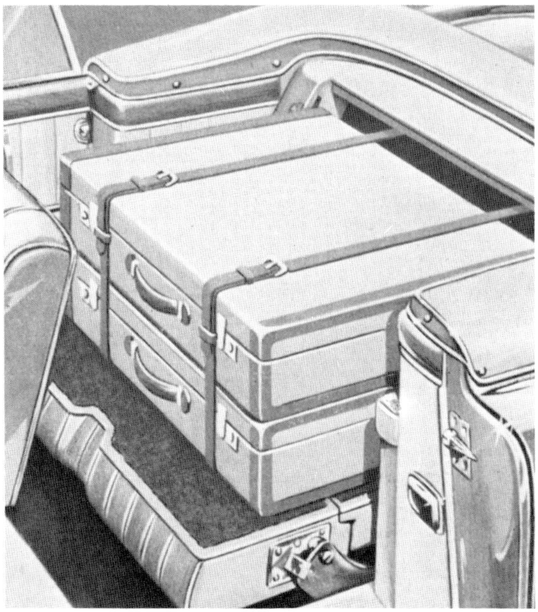

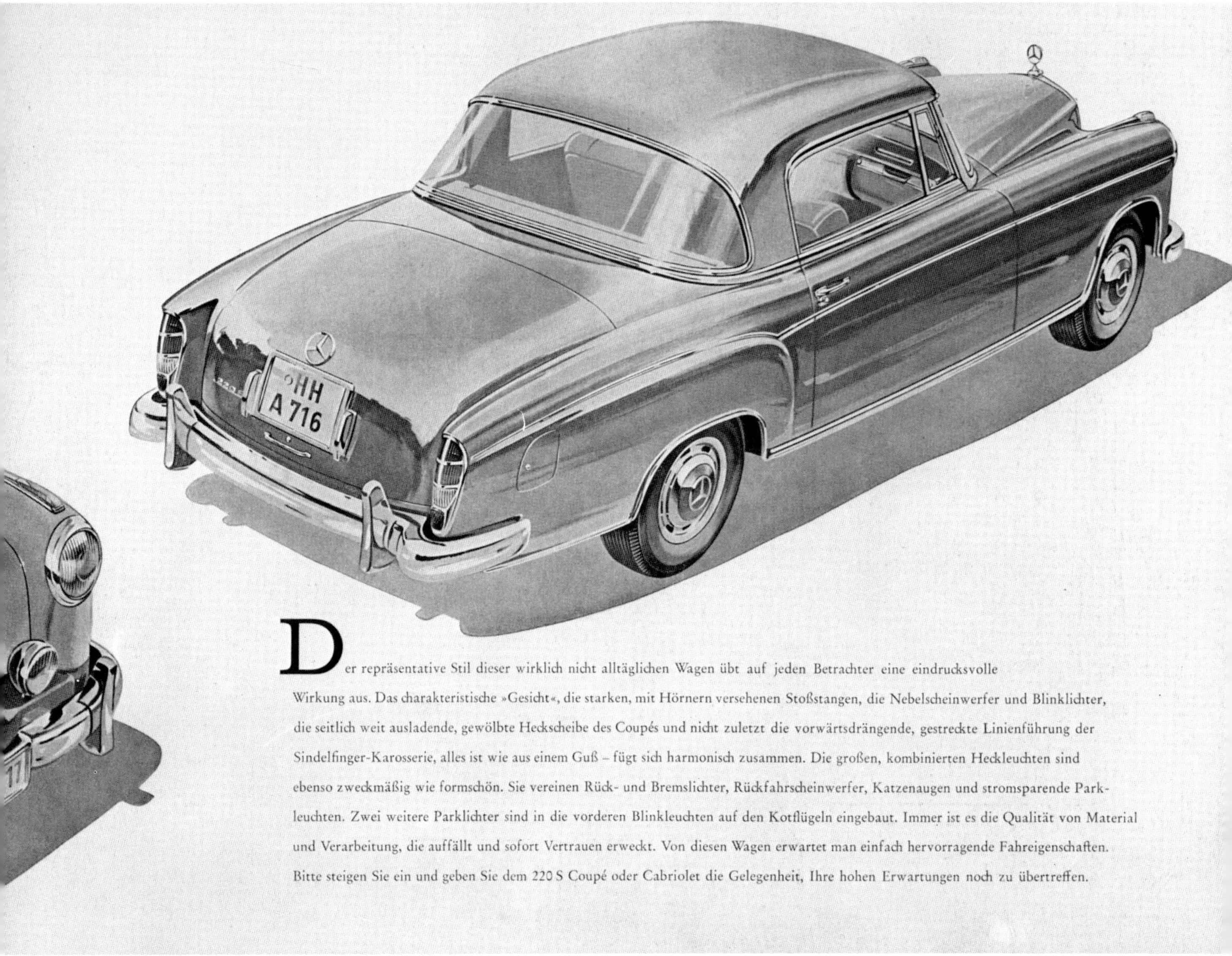

Die Werbung sprach von hohen Erwartungen, die noch übertroffen würden von den Eigenschaften und der Qualität des 220 S Coupés. Viele Tester vermochten dies durchaus zu bestätigen. . .

Die sogenannte Turbo-(Trommel-) Bremse des 220 S.

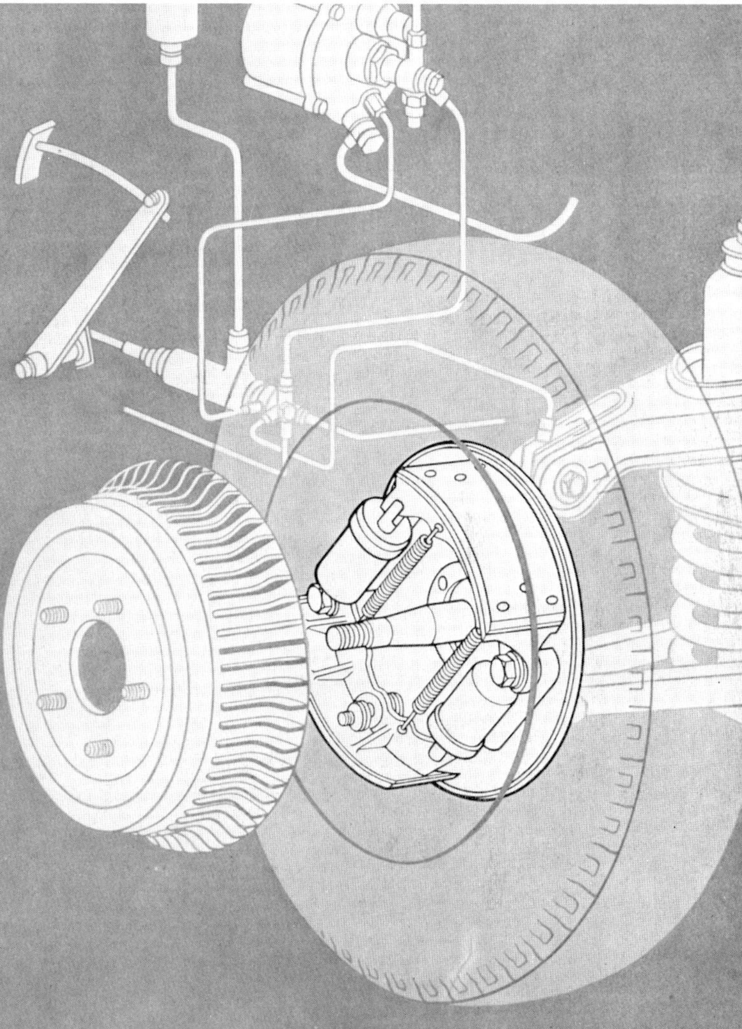

Großzügiger Raum für Insassen und Gepäck, glücklich ausgewogen zur Gesamtlänge des Fahrzeuges, ist ein Vorzug der modernen Bauweise des 220 S Coupés und Cabriolets. Ungewöhnlich groß für ein sportliches Fahrzeug ist der Kofferraum, der Gepäcksorgen auch bei großen Reisen nicht aufkommen läßt. Sichere Geborgenheit garantiert die stabile Karosserie, die mit der verwindungssteifen Rahmenboden-Anlage zu einer tragenden, voll schützenden Einheit fest verbunden ist. Der hohe technische Komfort beruht in erster Linie auf dem ausgewogenen, progressiv wirkenden Federungssystem. Geschmeidig, doch nicht zu weich, nehmen die Eingelenk-Pendelachse hinten und die Einzelrad-Aufhängung vorn alle Unebenheiten auch einer sehr schlechten Straße auf und halten den Innenraum erschütterungsfrei; ein Drehstab-Stabilisator vorn vermindert die Kurvenneigung. Das leichte Lenken ist in der Mercedes-Benz-Kugelumlauflenkung mit automatischer Nachstellung begründet, die durch einen Lenkungs-Stoßdämpfer von Unebenheiten der Fahrbahn unbeeinflußt bleibt. Der Sechszylinder-Motor, das zwangs-vollsynchronisierte Getriebe, Lenkung und Vorderradaufhängung sind im Fahrschemel zusammengefaßt, der an drei Punkten gummigepolstert in der Rahmenboden-Anlage gelagert ist. Diese praktische Lösung ermöglicht kostensparendes Ein- und Ausbauen des gesamten Fahrschemels zu Wartungszwecken und dient verstärkter Schwingungsdämpfung. Der Kraft des Motors stehen starke, ausdauernde, turbo-luftgekühlte Bremsen gegenüber, die durch ein Zusatzbremsgerät schon bei geringem Pedaldruck schnell und zuverlässig wirken. Großflächige Bremsbacken fassen weich aber unnachgiebig zu und bringen den Wagen spursicher zum Stehen.

Die Hydrak-Kupplung

Ein halbautomatisches Getriebe stellte die Hydrak-Kupplungsautomatik mit Drehmomentwandler dar, gebaut bei Fichtel & Sachs. Ein Druck auf den Schalthebel aktivierte die Kupplung.

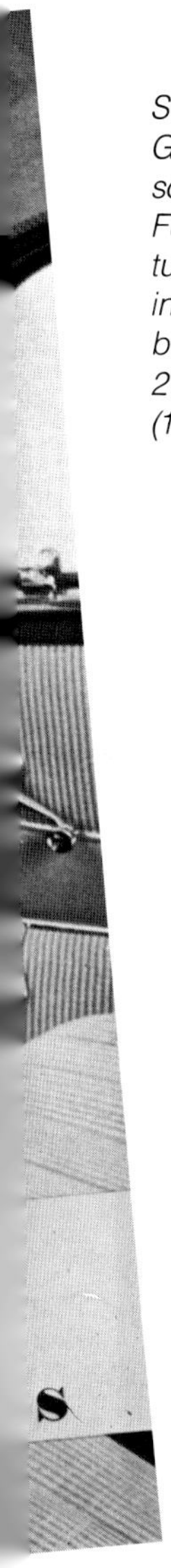

Statt eines automatischen Getriebes eine automatische Kupplung: Die Funktion dieser Einrichtung beschreibt der Text in diesem Faltblatt, angeboten für die Modelle 219 und 220 S (1957 – 59).

Der Hydrak besteht aus einer hydraulischen und einer mechanischen Kupplung, deren letztere durch Berühren des Schalthebels ferngesteuert, mittels Unterdruck gelöst und geschlossen wird. Ein Freilauf verbindet bei schiebendem Wagen Getriebe und Motor starr; ein Schubschalter am Differential sorgt für stoßfreies Zurückschalten in jeder Situation.
Das Kupplungsgehäuse beherbergt die hydraulische Anfahr- und die mechanische Trennkupplung, den Freilauf und das Ausrückergestänge für die Trennkupplung. Das Schaufelrad der Anfahrkupplung ist der guten Wärmeabführung wegen stark verrippt.

Rechts das Schema, unten ein Längsschnitt des Hydrak.

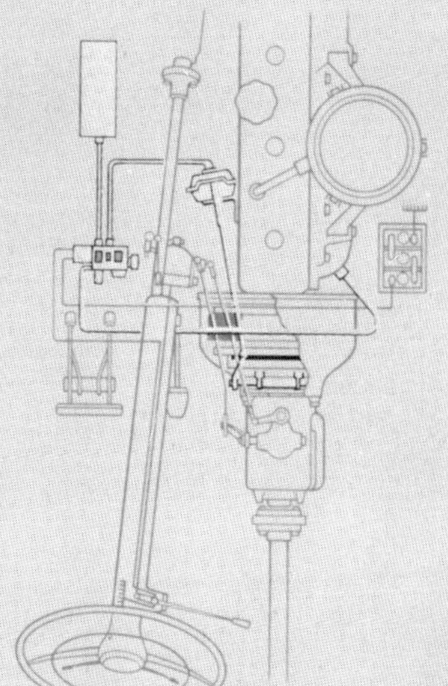

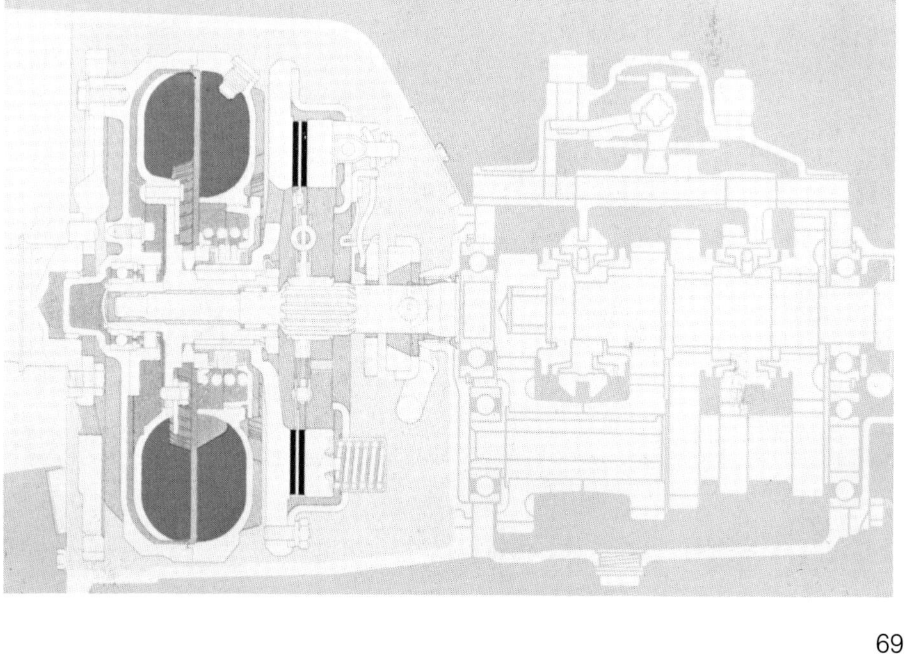

Binz
KAROSSERIE

EIN BEGRIFF FÜR QUALITÄT

Seitenansicht des Fahrzeugs von schräg hinten. Zierleisten an Seitenfenster und Regenleiste, sowie Ornamente in den Fenstern auf Wunsch gegen Mehrpreis.

Die von Binz in Lorch/Württemberg oder Miesen in Bonn durchgeführten Umbauten betrafen hauptsächlich Autos, die als Bestattungsfahrzeuge oder Ambulanzwagen Verwendung fanden. Individuellen Wünschen durch die Auftraggeber wurde Rechnung getragen.

90 Jahre

KAROSSERIE MIESEN BONN

MIESEN 1855

MIESEN-Kombi-LIMOUSINE

MIESEN 1861 MIESEN 1863

KK:CW 4

Durch Umklappen der hinteren Sitzbank wird der Laderaum bis zur Fahrersitzbank verlängert

Lieferbar auf folgenden Fahrgestellen:

Mercedes-Benz Typ 180 b Baumuster: 120 102

Mercedes-Benz Typ 190 b Baumuster: 121 002

Mercedes-Benz Typ 190 Db Baumuster: 121 102

Freie Nutzlast: ca. 700 kg oder: 4 Personen und ca. 400 kg

Die Nutzlast variiert je nach Fahrgestelltyp

Nutzbare Ladefläche:
Bei 2 Personen: 2,4 qm
Bei 4 Personen: 1,25 qm

Besonders vorteilhafte Belademöglichkeit durch die hintere Klappe, welche sich nach oben öffnet und durch Federdruck automatisch geöffnet bleibt.

Das Reserverad ist durch eine separate Außenklappe leicht erreichbar.

Links: Eine von Miesen gebaute Ambulanz, Baumuster 1892, von 1958/59.

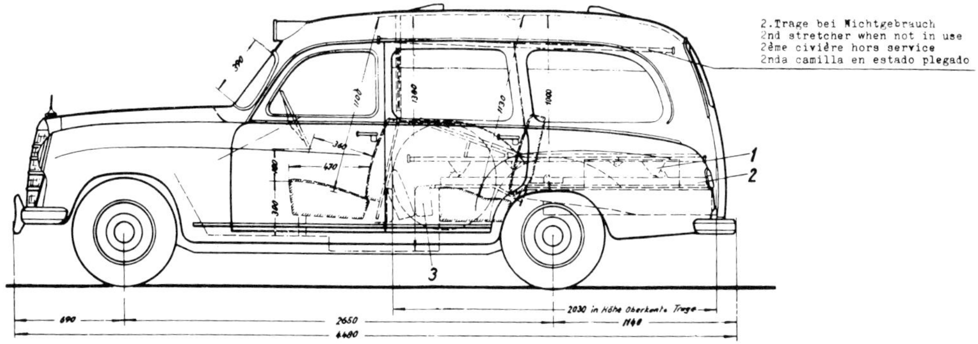

Länge über alles/Total length/Longueur hors tout/Largo total 4480 mm
Breite über alles/Total width/Largeur hors tout/Ancho total 1750 mm
Höhe über alles/Total height/Hauteur hors tout/Altura total 1780 mm +++)
Lichte Länge/Inside length/Longueur intérieure/Largo interior 2080 mm ++)
Lichte Breite/Inside width/Largeur intérieure/Ancho interior 1380 mm +)
Lichte Höhe/Inside height/Hauteur intérieure/Altura interior 1000 mm

KAROSSERIE
MIESEN
BONN

Oben und rechts: Detailmaße des Miesen-Krankenwagens von 1958/59.

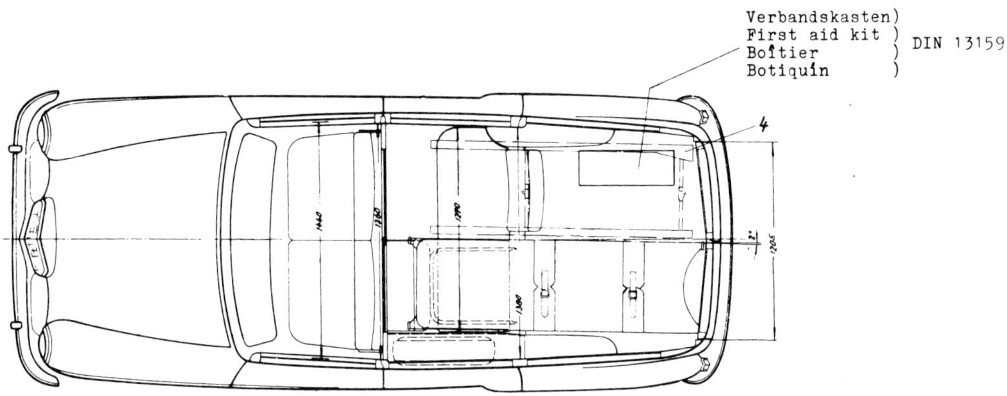

1	Tragenfederung	Springing of stretcher	Suspension du civière	Suspension de la camilla
2	Schiebebühne	Sliding rails	Dispositif à coulisses	Plataforma móvil
3	Klapprücken	Folding back	Dossier pliant	Respaldo rebatible
4	Schiene (ausziehbar)	Rail (telescopic)	Glissière (peut être retirée)	Guía (extensible)

MERCEDES-BENZ

STATION-WAGON

Le véhicule qui joint l'utile à l'agréable

L'extraordinaire économie d'usage de la voiture Mercédès-Benz 190 Diesel, son confort inégalé, sa robustesse notoire se retrouvent intégralement dans la version Station-Wagon.

Il convient d'ajouter à ces qualités : un accès extrêmement aisé grâce aux quatre portières latérales et à la grande porte arrière.

Une capacité étonnante en vue au transport des marchandises lorsque la banquette arrière a été escamotée dans le plancher. Lorsque la banquette arrière est en place, cinq personnes occupent à l'aise les sièges du véhicule tandis qu'un volume important de bagages trouve une place facilement accessible dans la partie arrière. La Mercédès 190 D-Station-Wagon est le véhicule à deux usages qu'attendait avec impatience une large catégorie d'automobilistes soucieux de combiner les exigences de la profession et l'agrément des loisirs.

La ligne harmonieuse de la 190 Diesel «Station-Wagon» lui conserve tout le prestige qui caractérise les voitures Mercédès-Benz.

Henri Delbar
AUTOMOBILES MERCEDES-BENZ
Tél. Privé: 17.13.87 - 17.03.35
Délégué des Éts Paul-E. COUSIN S.A. 239 Chée de Charleroi
Tél. 37.31.20 - BRUXELLES

In Belgien entstand dieser Kombi, sozusagen ein Vorgänger des Mercedes-Benz T-Modells. Er kam nur in wenigen Exemplaren nach Deutschland.

Konstruktions- und Ausstattungsänderungen vorbehalten.
Subject to modifications in design and interoir appointments.
Sous réserve de modifications de construction et d'équipement
Reservado el derecho de introducir modificaciones en la construcción y el equipo

Innenansicht
durch die große Hecktüre

Interior view
through the large rear door

Vue de l'intérieur, porte arrière
entièrement ouverte

Vista del interior
con la gran puerta trasera abierta

Binz KAROSSERIE

Blick durch die Seitentüre
auf Sitzbank für 3 Personen

View of the seat for three poeple
through the side door

Vue de la banquette AR à
3 places

Vista desde la puerta lateral al
asiento trasero con sitio para tres
personas

Binz KAROSSERIE

Blick durch die Seitentüre,
Ladeboden bei Sitzanordnung A
(siehe Zeichnung)

View through the side door, loading
compartment with seating arrange-
ment A (see drawing)

Vue par la portière latérale sur la
surface de chargement,
disposition A des sièges
(voir croquis)

Vista por la puerta lateral,
plataforma de carga,
con disposición A de los asientos
(véase dibujo)

Binz KAROSSERIE

Blick durch die Seitentüre,
Ladeboden verlängert
bei Sitzanordnung B
(siehe Zeichnung)

View through the side door, exten-
ded loading compartment with sea-
ting arrangement B (see drawing)

Vue par la portière latérale sur la
surface de chargement rallongée,
disposition B des sièges
(voir croquis)

Vista por la puerta lateral,
plataforma de carga alargada,
con disposicion B de los asientos
(véase dibujo)

6 . . . 10 / 59

LORCHER KAROSSERIEFABRIK BINZ & CO.

Telegramme: Binzkarosserie Lorch/Württ. **LORCH/WÜRTTEMBERG** Germany Ruf: Lorch/Württ. 541 u. 542 · Telex/FS 0724884

3651

Binz KAROSSERIE

EIN BEGRIFF FÜR QUALITÄT
A NAME FOR QUALITY
SYMBOLE DE QUALITÉ
SIMBOLO DE CALIDAD

Mercedes-Benz
Kombinations- und Stationswagen
Typ 190, 190 D, 180 und 180 D
mit BINZ-Ganzstahlaufbau

Mercedes-Benz Station Car,
Type 190, 190 D, 180 and 180 D,
with BINZ all-steel superstructure.

Mercedes-Benz, modèles «Familiale»
et «Commerciale»,
types 190, 190 D, 180 et 180 D,
avec carrosserie tout acier BINZ

Furgoneta y station-car
Mercedes-Benz,
tipos 190, 190 D, 180 y 180 D
con carrocería BINZ,
totalmente de acero

Binz KAROSSERIE

Aus dem Mercedes-Benz Innenlenker wurde ein schnittiger, eleganter Kombinationswagen bzw. Stationswagen entwikkelt. In der äußeren Form ist das Fahrzeug in der modernen Linienführung gehalten und entspricht der heutigen Geschmacksrichtung. Eine solide Ganzstahlkonstruktion gibt dem Aufbau die nötige Stabilität. Vier Seitentüren, sämtliche mit kurbelbaren Scheiben ausgestattet, ermöglichen einen bequemen Zugang zur Fahrer- und Fondsitzbank. Die Fondseitenfenster sind fest in Gummi verglast. Das große Rückfenster ermöglicht ungehinderte Sicht nach hinten.
Beim **Kombinationswagen** ist der mit Linoleum belegte Ladeboden durch eine große, abschließbare Rückwandtüre zugänglich.
Der **Stationswagen** dagegen hat in der Rückwand eine quergeteilte, verschließbare zweiteilige Klappe. Die bequemen Sitzbänke haben Schlingfedereinlagen und sind mit MB-Tex bezogen. Die vordere Sitzbank ist verstellbar. Gegen Mehrpreis können auch Einzelsitze geliefert werden. Die hintere Sitzbank kann nach vorne geklappt werden, sodaß sich der Ladeboden entsprechend vergrößert. Türen unr Decke sind ebenfalls mit MB-Tex bezogen. Das Reserverad liegt in einem Fach unter dem Ladeboden. Daneben befindet sich ein weiteres Fach für Werkzeug und Gerät.
Die Innen- und Außenmaße sind aus unserer Zeichnung Nr. 657 zu ersehen. Das Fahrzeug wird in Kunstharz-Emaillack in den Standardfarben lackiert. Sonderlackierungen und Beschriftungen bedingen einen Aufpreis. Die Nutzlast beträgt bei allen Typen ca. 550 kg. Fahrgestell viertürig mit Teilekarossierie.

Kombinations-Wagen mit Hecktüre
Station car with rear wing door
La «familiale» à portière AR
Furgoneta con puerta trasera

Binz KAROSSERIE

A racy, elegant station car has been developed from the Mercedes-Benz limousine. The exterior lines of this car follow modern trends and comply with present-day tastes. A sturdy all-steel structure provides stability and strength. Four side doors fitted with winding windows make for easy approach to the driving and rear seats. The rear side windows are rigidly mounted in rubber. The large rear window ensures an uninterrupted view out of the back.
The linoleum-floored loadig compartment in the station car is approachable from the back through a large wing door that can be locked. Alternatively, the station car may be fitted with a flap door in the rear, divided horizontally and lockable. The comfortable seats are sprung with interlaced coil springs and covered with Tex artificial leather. The front seat is adjustable. Single front seats are available at extra cost. The rear seat can be folded forwards so that the loading compartment is correspondingly enlarged. The doors and dome are similary covered with Tex artificial leather. The spare wheel is kept on a shelf under the loading compartment. Next to it there is another shelf for tools and equipment.
The interior and exterior dimensions can be seen from drawing 657. The vehicle is painted with artificial resin enamal in all standard colours. Special enamelling and lettering are available at extra cost. The payload is about 550 kg (1210 lbs) in all models.
Four-door chassis with partial body.

Cette voiture familiale ou commerciale racée et élégante est dérivée de la conduite intérieure Mercedes-Benz. L'aspect extérieur de ce véhicule aux lignes modernes correspond tout à fait au goût de nos jours. La carrosserie est une construction tout acier qui lui confère une grande stabilité. Quatre portières latérales, toutes équipées de glaces à manivelle, permettent l'accès facile aux banquettes AV et AR. Les glaces latérales du fond à encadrement en caoutchouc sont fixes. La grande lunette AR offre une excellente visibilité en arrière.

Pour la **«familiale»**, une large portière AR verrouillable donne accès à la surface de chargement qui est recouverte d'un tapis de linoléum.

La **«commerciale»**, par contre, a dans la paroi AR deux hayons verrouillables qui s'ouvrent à l'horizontale. Les confortables banquettes à rembourrage à ressorts sont capitonnées de «MB-Tex». La banquette AV est réglable. Contre supplément de prix, elle peut être remplacée par deux sièges individuels. La banquette AR peut être repliée vers l'avant, agrandissant ainsi la surface de chargement. Les portières et le plafond sont également revêtus de «MB-Tex». La roue de secours se trouve dans un compartiment au-dessous de la surface de chargement Un compartiment contigu est prévu les outils et le cric.

Les dimensions intérieures et extérieures du véhicules peuvent être relevées de notre dessin 657. Le véhicule est livrable en plusieurs coloris standard; la peinture est à base de résine synthétique. Les peintures hors-série ainsi que l'apposition d'inscriptions sur la carrosserie entraînent un supplément de prix. La charge utile pour tous les types est d'environ 550 kg.

Châssis 4 portières avec carrosserie assemblée.

Del automóvil Mercedes-Benz, ha sido desarrollada una furgoneta elegante y representativa, así como un station-car. En cuanto a su forma exterior, el vehículo muestra las líneas modernas que corresponden a la nueva concepción. Una sólida construcción, totalmente de acero, confiere a la carrocería la estabilidad necesaria. Cuatro puertas laterales, provistas todas de ventanillas giratorias, posibilitan un fácil acceso a los asientos corridos del conductor y trasero. Los cristales de las ventanillas laterales traseras son fijas, con perfiles de goma. La gran ventana trasera permite abarcar perfectamente todo lo que se encuentra detrás del coche.
En la **furgoneta,** una gran puerta trasera, que puede cerrarse con llave, facilita el acceso a la caja de carga, cubierta de linóleo.
En el **station-car,** en cambio, la pared trasera está dividida transversalmente en dos tapas rebatibles, provistas de cerradura. Los cómodos asientos llevan resortes entrelazados y están tapizados con M-B-Tex. El asiento delantero puede graduarse. Con recargo de precio pueden suministrarse igualmente asientos individuales. El asiento trasero puede plegarse hacia adelante para amplificar la caja de carga. Las puertas y el techo también están tapizados con M-B-Tex. La rueda de repuesto se encuentra en una caja debajo del compartimiento de carga. Al lado se halla otra caja para herramientas e instrumentos.
Las dimensiones interiores y exteriores pueden desprenderse de nuestro dibujo No. 657. El vehículo se pinta con laca-esmalte sintética, en los colores standard. Pintura especial y rotulación se efectúan por suplemento de precio. La carga útil se eleva en todos los tipos a 550 kg aprox.
Chasis con carrocería parcial de cuatro puertas.

Stationswagen mit Heckklappen

Station car with rear flap door

La «commerciale» à deux hayons AR

Station-car con puertas rebatibles

Links: Details zum Binz-Ambulanzwagen 1959 in vier Sprachen.

Kein Mercedes ohne Originalzubehör – auch ein entsprechendes Radio gehörte zum Beispiel dazu. Spezielle Kataloge listeten eine Fülle brauchbarer Artikel für jedes Fahrzeugmodell auf. . .

Kleiner Sammelprospekt aller Mercedes-Benz-Modelle aus dem Jahre 1957. Auch der 300 SL ist enthalten.

Typ 180

Typ 180 D

Beim Typ 180 bildet die „Rahmenbodenanlage" das Rückgrat des Wagens. Sie ist mit der Karosserie zu einer festen, schutzbietenden Einheit verbunden. Diese Konstruktion trägt wesentlich dazu bei, daß Fahrer und Fahrgäste auf jeder Fahrt von der schon sprichwörtlichen Mercedes-Benz-Sicherheit umgeben sind.

Eine technisch interessante Lösung ist der „Fahrschemel", in dem Motor, Getriebe, Lenkung und Vorderachse vereint sind. Die Aufhängung dieses Aggregats in der Rahmenbodenanlage in nur drei Punkten ergibt eine einwandfreie Radführung und

überragende Fahrruhe. Dabei wird durch den schnellen und mühelosen Ausbau des Fahrschemels die Wartung des Typ 180 einfach und kostensparend.
Der elastische Motor verleiht dank der günstigen Abstufung des vollsynchronisierten Viergang-Getriebes auch dem vollbesetzten Wagen eine lebhafte Beschleunigung. Bei niedrigem Normverbrauch erzielt der Typ 180 eine hohe Endgeschwindigkeit, die Sie ohne Sorgen auch als Dauergeschwindigkeit ausfahren können. Kraftvoll wirkende Bremsen bringen das Fahrzeug weich, aber sicher zum Stehen.

Typ 180

Typ 180 D

Wirtschaftlich und komfortabel

Schon viele Freunde hat dieses formschöne Automobil gewonnen, seitdem es auf den Straßen des In- und Auslandes erschienen ist. Bei allen Wetter- und Fahrbahnverhältnissen überzeugen die Typen 180 und 180 D immer wieder durch ihre hervorragenden Fahreigenschaften und die hohe Sicherheit, mit der sie alle Verkehrsprobleme meistern. Die Annehmlichkeiten der behaglichen Innenausstattung und den reichlich bemessenen Platz im Fahrgastraum und Kofferraum werden Sie besonders auf langen Reisen zu schätzen wissen. Dazu kommt die hohe Dauergeschwindigkeit und Wendigkeit auf allen Straßen. Diese Vorzüge werden im Typ 180 D noch ergänzt durch die unvergleichliche Wirtschaftlichkeit, Anspruchslosigkeit und lange Lebensdauer des unauffällig leise laufenden Dieselmotors, der jetzt bei höherer Leistung den Wagen schneller beschleunigt und noch bergfreudiger macht.

Das Erscheinen eines neuen Wagens aus dem Hause Daimler-Benz sorgte bei den Testern seit jeher für besonders hohe Erwartungen. Im Oktober 1953 hatte Werner Oswald, damals Autotester beim Fachblatt *Das Auto, Motor und Sport,* als einer der ersten Gelegenheit, das jüngste Modell mit der Bezeichnung 180 einer eingehenden Prüfung zu unterziehen. Gleich zu Anfang hart beansprucht, machte der Wagen einen vertrauenerweckenden Eindruck:
,,Bereits diese erste Fahrt, die wir aus zwingenden Gründen antreten mußten, ohne uns vorher im geringsten mit dem Wagen vertraut zu machen, zeigte uns gerade deswegen mit besonderer Deutlichkeit einige interessante Wesenszüge dieses markanten Mercedes-Typs. Vor allem spricht es für seine über die Maßen leichte Bedienbarkeit, Handlichkeit und Fahrsicherheit, daß man ihn, obwohl er schließlich nicht gerade klein, leicht und langsam ist, ohne jegliche Vorbereitung bestens »in der Hand« hat, daß man sich in ihm sofort heimisch fühlt, daß man vom ersten Augenblick an bedenkenlos bis an die Grenze seiner durch Motor und Fahrwerk gegebenen Möglichkeiten gehen kann.''
Sehr erfreulich waren ferner der enorme Platzgewinn im Innenraum (verglichen mit den Vormodellen) und die modernen großen Fensterflächen. Beim Aufbau des Wagenkörpers war man ganz neue Wege gegangen, das Ergebnis vermittelte das alte Gefühl von Wertarbeit:
,,Trotz der leichteren Ausführung mancher Bauteile scheint aber die sprichwörtliche Stabilität der Sindelfinger Karosserien keine Einbuße erlitten zu haben. So ist es nach wie vor eine helle Freude, wie exakt die Türen schließen und wie überhaupt der ganze Wagen ein Gefühl vertrauenerweckender Solidität vermittelt. Angenehm berührt und in Anbetracht der jetzigen Bauart überrascht waren wir ferner von der Geräuschlosigkeit und nahezu völligen Dröhnfreiheit der Karosserie.''
Doch bei genauerer Begutachtung des ansonsten gut gestalteten Armaturenbrettes hatte Oswald erst einmal Grund zum Ärgern:
,,Nun hat Mercedes den oberen Teil des Instrumentenbordes, soweit er nicht von den Armaturen eingenommen wird, mit Kunstleder bezogen. Sieht gut aus, aber . . . Warum täuscht man hier etwas vor, was eigentlich in jedem und selbst dem billigsten Wagen längst selbstverständlich sein sollte? Weshalb sieht man dort keine entsprechende Polsterung vor, wenigstens vor dem Beifahrersitz? Es kann dies doch nicht so teuer sein, und außerdem sollte man nie auf Kosten der Sicherheit sparen.''
Überhaupt fiel auf, daß neben den qualitativ hochwertigen Ausstattungsdetails an manchem gespart worden war, was in anderen Autos zum Standard gehörte, wie Beifahrersonnenblende, Türtaschen und Türarretierungen.
Dann konzentrierte sich Oswald auf die Fahreigenschaften des neuen Mercedes: ,,Was bei diesem Wagen nämlich so besonders angenehm auffällt, ist die Feststellung, daß hier diese berühmte Straßen- und Kurvenlage mit einer sehr weichen, angenehmen Federung kombiniert ist. Jede dieser Eigenschaften für sich zu erzielen, ist schon lange kein Problem mehr, sie aber harmonisch zu vereinen, das hat man erst seit kurzer Zeit gelernt, und der 180 ist hierfür eines der prominentesten Schulbeispiele. Besonders auffallend scheint uns in diesem Zusammenhang auch, daß der Wagen, viel mehr als seine Vorgänger, eine sehr feste Kurvenhaltung besitzt, auch die Hinterräder zeigten nur ganz geringe Neigung zum Wischen.''
Das Temperament des betagten 65-PS-Motors ließ etwas zu wünschen übrig: ,,So, wie es heute auf unseren Straßen aussieht, ist die mit dem 180 erreichbare Geschwindigkeit an sich völlig genügend. Wenn wir diesem Wagen trotzdem einen etwas stärkeren Motor wünschen möchten, so deshalb, um ihn im Abzug und am Berg noch

Die 3 Fahrer von der BILD-Zeitung, Kilometer-Millionäre am Steuer von LKWs, hatten die Startnummer 1 gezogen.
Als nächste folgten die Rennfahrer Karl Kling und Hans Hermann, die zusammen mit dem Europa-Tourenwagen-Meister Werner Engel eine Mannschaft bildeten.
Dann kamen 3 Angehörige der Hamburger Verkehrspolizei, von denen der bekannte Motorrad-Langstrecken- und Zuverlässigkeitsfahrer Aukthun zum erstenmal „auf vier Rädern" in ein Rennen ging. Die „großen Theoretiker" des Automobils, drei Fachjournalisten der Motorpresse, zogen gemeinsam die Startnummer 4. Für sie galt es, praktisch zu beweisen, was sie mit Feder und Papier anderen so genau vorrechnen können.
„Schlußlicht", doch nur der Start-Platzziffer nach, bildete die Mannschaft der Rundfunkreporter. Auch sie hatten die Rollen getauscht, denn anstatt über Rennen zu berichten, trugen sie nun selbst eines aus.
Rennleiter Neubauer hatte vom Start bis zum Ziel die Strecke genau festgelegt. Die Überwachung und genaue Zeitnahme wurde dem ADAC übertragen. Damit

Oben: Jedem Teilnehmer seinen Talismann

war die Gewähr gegeben, daß die Ergebnisse der Fahrt völlig objektiv und unparteiisch gewertet werden konnten.
Rennleiter Neubauers Bemerkung: „Mal sehen, was der 180 D mit diesen 700 Kilometern anfängt. Vielleicht kommen alle hin." (Das sagt er vor jedem Rennen!)

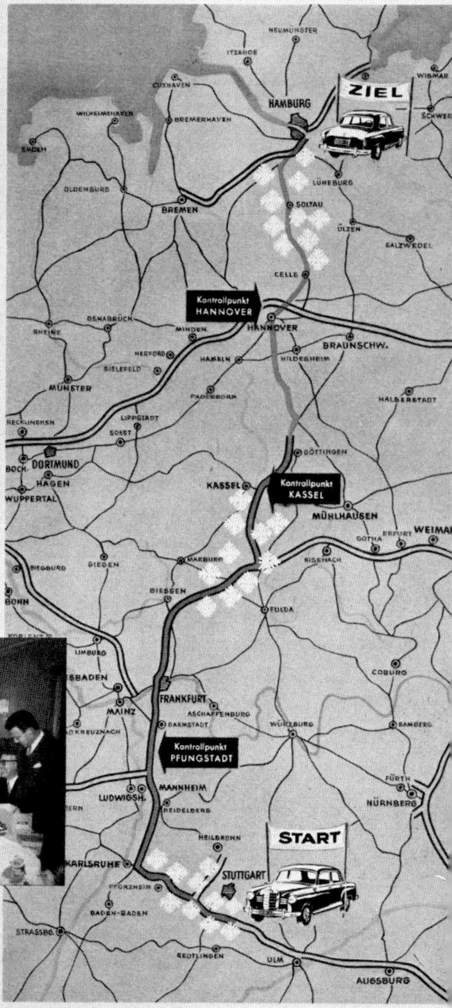

Einen Verbrauchstest unter der Leitung von Rennleiter Alfred Neubauer führte Daimler-Benz im Januar 1956 durch. Teilnehmer waren Journalisten und Profi-Rennfahrer.

lebendiger zu machen. Gewiß sind 21 Sekunden, die er braucht, um von 0 auf 90 km/st zu kommen, keine schlechte Zeit, aber von da an ist eine Geschwindigkeitssteigerung nur mehr sehr zögernd zu erreichen. 90 ist außerdem die oberste Grenze des III. Ganges, die vor allem beim Überholen manchmal etwas knapp erscheint. Selbstverständlich werden sich die allermeisten Fahrer mit den jetzigen Fahrleistungen gut und gerne zufriedengeben."

Als hohen Beanspruchungen nicht ganz gewachsen erwiesen sich im harten Testbetrieb ferner die Bremsen. Als Gesamtbeurteilung fand Oswald schließlich einen recht diplomatischen Weg, den 180 trotz einiger Mängel fair zu bewerten:

„Man hat sich in Untertürkheim und in Sindelfingen erfolgreich angestrengt, in jeder Beziehung, das muß man schon sagen; so sind wir die letzten, die das nicht anerkennen und dem 180 jene ausgezeichnete Gesamtnote verweigern, die er verdient. Einser gibt es im heutigen Schulbetrieb nur noch in höchst seltenen Ausnahmefällen; der Zweier ist praktisch die beste Zensur. Mit einem guten Zweier aber wollen wir unseren heutigen Prüfling entlassen, ihm viel Erfolg und ein langes Leben wünschend."

Als etwa ein Jahr später dieselbe Zeitschrift einen der ersten Mercedes 220 zur Verfügung gestellt bekam, war es wieder Werner Oswald, der Lob und Tadel verteilen durfte – vor allem Lob:

„Die absolute Fahrsicherheit auch bei größerer Geschwindigkeit gehört denn auch zu den markantesten Merkmalen dieses Wagens. Selbst auf schlechtesten Straßen denkt er gar nicht daran, nur im geringsten aus seiner Spur zu gehen, und exakt durchläuft er die ekelhaftesten Kurven, ohne daß sonderliche Lenkkorrekturen notwendig wären und ohne daß eine Seitenneigung des Wagens bemerkt werden könnte. Dabei ist er verhältnismäßig weich gefedert. Die handliche und ziemlich direkte Lenkung paßt bestens zu diesem schnellen, gut liegenden Auto."

Die guten Fahrleistungen machten den 220 zu einer überlegenen Limousine: „Die hervorragende Fahrsicherheit des 220 in Verbindung mit seinem prächtigen, nunmehr 85 PS leistenden Sechszylindermotor ermöglicht Fahrleistungen, die einfach frappant sind. Diese dokumentieren sich nicht nur in einer Höchstgeschwindigkeit von über 150 km/st, sondern vor allem in Beschleunigungswerten, wie sie noch bis vor kurzer Zeit für einen Tourenwagen dieser Größe völlig undenkbar gewesen wären. Das bestens abgestufte Vierganggetriebe trägt dazu natürlich maßgeblich bei, ohne daß aber der recht elastische Motor ein besonders häufiges Schalten unbedingt erforderlich machen würde."

So ziemlich alles, was der Tester beim Schwestermodell 180 bemängelt hatte, war im 220 zur vollsten Zufriedenheit verbessert worden.

Sehr beeindruckt zeigte sich Oswald ferner von der gepflegten Atmosphäre im Innenraum:

„Sowohl außen wie innen wirkt der neue 220 ausgesprochen repräsentativ. Vor allem sein reich garniertes, aus Holz bestehendes Armaturenbrett macht einen sehr gediegenen, vornehmen Eindruck. Außer der elektrischen Uhr sind alle Anzeigen in einem übersichtlichen Kombi-Instrument zusammengefaßt. Der übrigens sehr genau anzeigende Tachometer ist nicht kreis- oder halbkreisförmig, sein Zeiger läuft vielmehr waagrecht an der schmalen Ziffernskala entlang. Bei den übrigen Instrumenten freut uns vor allem die Anwesenheit eines Tages-Kilometerzählers."

Auch bei der Polsterung der bequemen Sitze konnte Oswald „echte Sindelfinger Qualitätsarbeit" feststellen. Es gab am Ende nur wenig Kritik für diesen gelungenen Wagen, die hauptsächlich die Bremsen betraf, die als Einkreisbremsen ohne Servounterstützung eher eine „Notlösung" darstellten.

Wer spart gewinnt

Das Licht der Straßenlampen, das sich auf der vereisten Fahrbahn spiegelte, Gruppen fröstelnder Menschen in der eisigen Januarluft, geschäftige Bewegung an der Tankstelle und am Start — das bot sich dem Auge in der Frühe des Starttages. Wagen für Wagen schob sich zur Zapfsäule, wo unter der Kontrolle des ADAC-Sportleiters des Gaues Württemberg jeder Tank millimetergenau bis zum Gewinderand des Einfüllstutzens aufgefüllt wurde. Siegessicher die einen, mit gemischten Gefühlen die anderen, standen die 15 Teilnehmer neben ihrem „180 D". Für manchen von ihnen bedeutete diese Fahrt die erste Bekanntschaft mit diesem Typ des Daimler-Benz-Produktionsprogramms. Ein leises „Klick" und die Plombierzange hatte allen unfairen Hintergedanken zum Thema „Sparen" ein Ende gesetzt — es konnte losgehen!

Links: Unter ADAC-Kontrolle werden die Wagen aufgetankt und die Verschlüsse plombiert

Unten: Start im Werk Sindelfingen

Der Wettbewerb der Wirtschaftlichkeit vom Januar 1956 wurde von der Tagespresse ebenso ausführlich kolportiert wie von der Presseabteilung der Daimler-Benz AG.

Mit recht weitschweifenden Betrachtungen versuchte 1956 ein Tester der Zeitschrift *Automobil + Motor Express* den Typ 190 zu bewerten:

„Vielleicht kennen auch Sie – jedenfalls zur Hauptreisezeit – einen gewissen »Autobahn-Komplex«? Es wimmelt und wudelt auf der Bahn von Fahrzeugen aus aller Herren Länder, schnelle und langsame, die einfach unberechenbar in ihren Reaktionen sind. Man traut sich kaum noch aufzudrehen, weil man nicht weiß, was der Motorrad-Fahrer aus Dänemark hinter dem Lkw im nächsten Moment vorhat und ob nicht der Lkw selbst ein außerhalb des Sichtfeldes liegendes Mobilchen oder einen Austin-Methusalem überholen will. Dieser Komplex ist im 190 wie weggeblasen, weil der Wagen in einer vorbildlichen Weise in allen Situationen auf Gaspedal und Bremse reagiert und durch seine Straßenlage eine Sicherheit ausstrahlt, die ich als »souverän« bezeichnen möchte."

Der Tester war von den Fahreigenschaften und der Ausstattung dieses Wagens sehr angetan und empfahl dieses Modell gerade den auf Zuverlässigkeit angewiesenen Landärzten. Natürlich bekam das Auto eine gute Gesamtbeurteilung:

„Zusammenfassend ist zu sagen, daß der 190 der an Hubraum am niedrigsten liegende große Reisewagen der gehobenen Mittelklasse ist, der alle positiven Eigenschaften in sich vereint, die man auch bei hohen Ansprüchen an einen Wagen dieser Klasse stellen kann."

1958 testete *Auto, Motor und Sport* den Typ 219 mit der „Hydrak" genannten Schalthilfe, die eine Fußkupplung überflüssig machte: „Sobald der Schalthebel berührt wird, wird die Schaltkupplung gelöst. Die schlechte Angewohnheit, während der Fahrt die rechte Hand auf dem Schalthebel »ausruhen« zu lassen, legt man bei der Kupplungsautomatik also schnell ab. Fleißige Raucher werden über die bisherige Lage des Aschenbechers nicht glücklich sein, denn ab und zu passiert es doch, daß man beim Asche abstreifen an den Schalthebel

5,04 Liter auf 100 km war der Verbrauch im Gesamt-Schnitt aller Teilnehmer. Das waren 800 Kilometer mit einer 56-Liter-Tankfüllung.

Zielpunkt der Überraschungen

Peinlich genaue Verbrauchkontrolle am Zielpunkt Stillhorn bei Hamburg

Wer am Abend des 19. Januar am Zielpunkt Hamburg-Stillhorn unter der Menge der Offiziellen und Motorsportfans, der Polizisten und Reporter wartete, dem wird der „Soltauer Schneesturm" lange im Gedächtnis haften — bildete er doch das Kernstück aller Diskussionen um Erfolg oder Mißerfolg der Fahrer. Nach den positiven Zwischenberichten aus Kassel und Hannover rechnete jeder damit, daß ein großer Teil der Teilnehmer sein Ziel erreichen würde; nach der ständigen Wetterverschlechterung jedoch und beim Anblick der schneeüberkrusteten LKWs und PKWs, die aus Richtung Hannover kamen, sanken die Hoffnungen wie die Temperatur weit unter Null. Abschlepptrupps wurden im Geiste organisiert, und es schien nur eine Frage der Zeit, wann die erste Hiobsbotschaft einträfe: Wagen X liegt mit leerem Tank bei Y . . ., Wagen Z bei A im Schnee festgefahren . . . und die 11 Stunden Fahrzeit waren bald abgelaufen! Doch dann näherten sich die Lichter eines schnellen Wagens.

DIE WELT

„. . . um gerecht zu sein: als erstes Auto traf ein Mercedes-Benz 220 ein. Ihm entstieg der auf allen Rennpisten der Welt bekannte Mercedes-Rennleiter Direktor Neubauer. Er übernahm sofort das Kommando über die Organisation, stellte Posten an die Autobahn und ließ ein Transparent entfernen, weil es die Fahrer hätte beirren können."

Und dann kamen sie, strahlend und bester Laune, als wäre nichts gewesen: Der Sprit hatte gereicht, der Schneesturm sie nicht gehindert, die vorgeschriebene Zeit einzuhalten! In kurzen Abständen fuhr Wagen um Wagen vor. Zeituhr und Tanksäulen-Anzeige spielten von nun an die wichtigste, die entscheidende Rolle:

8

kommt, vollends im Winter mit dem Mantelärmel. Dann jault natürlich der Motor auf. Man darf gespannt sein, welche Aufnahme der Hydrak auf dem Markt finden wird."

Die Verluste an Beschleunigungsvermögen hielten sich beim Testwagen in erfreulich engen Grenzen, auch der Mehrverbrauch an Kraftstoff war mit nicht einmal einem halben Liter bescheiden. So konnte der Tester die Ausrüstung des Sechszylinder 219 mit diesem halbautomatischen Getriebe nur empfehlen:

„Insgesamt erwies sich der Hydrak als vollkommene Kupplungsautomatik, narrensicher in der Funktion und trotzdem nicht langweilig für den, der auf fahrtechnische Feinheiten Wert legt. Es wäre zu wünschen, daß dieser Automat eines Tages auch den Käufern der schwächeren Mercedes-Typen zur Verfügung steht, was wohl nur eine Frage des Anbaus bzw. des Platzbedarfs ist."

Die amerikanische Autozeitschrift *Road & Track* probierte im Mai 1958 einen Mercedes 180 Diesel aus, dessen Antriebsart für die USA noch höchst ungewöhnlich war:

„Zum ersten Mal gibt es einen Diesel mit Stil. In Europa gehört er bereits zu den begehrenswerten Objekten, aber was kann er uns Amerikanern bieten? Die Antwort heißt: Eine ganze Menge, vorausgesetzt, es handelt sich um ungewöhnliche Amerikaner, deren Bedürfnisse und Wünsche nicht dem nationalen Trend folgen oder die einen sportlichen Wagen oder einen der normalen wirtschaftlichen Personenwagen wünschen. Schwache Fahrleistungen und ein hoher Anschaffungspreis werden den 180 D automatisch von den meisten Einkaufszetteln streichen, doch wenn Sie seine robusten Qualitäten schätzen, könnte er wohl für Sie in Frage kommen."

Abgesehen von der erschreckend schwachen Motorleistung hatte der amerikanische Tester aber dann durchaus Respekt vor der qualitativ hochwertigen Ausstattung und dem guten Fahrkomfort des 180 D.

Im gleichen Jahr befaßte sich auch die *Motor Rundschau* mit dem 180 D, dessen Motorleistung von 40 auf 43 PS angewachsen war. Die Vorzüge dieses Motors wurden folgendermaßen dargestellt:

„Sparsamkeit, Ausdauer, Elastizität und Zähigkeit sind Merkmale dieses Vierzylinder-Dieselmotors. Vom Dieselkraftstoff braucht er 2 bis 3 Liter je 100 km weniger als der entsprechende Wagen mit Benzinmotor. Im Leerlauf, besonders beim Start ist das bekannte harte Dieselgeräusch noch vorhanden, im normalen Fahrbetrieb ist der Motor aber als Diesel ausgeglichen und nicht zu laut. Die Leistung beträgt 43 (bis 1955 waren es 40) PS. – Der Motor springt bei jeder Temperatur, kalt nach kurzem Vorglühen, leicht an. Die Motordrehzahl wird im direkten Gang bei etwa 115 km/h begrenzt (Regler entsprechend eingestellt). Beim Dieselmotor sind Höchsttempo und Dauergeschwindigkeit praktisch gleich!"

Im übrigen hatte der 180 D in etwa die selben Vorzüge zu bieten wie der 180 mit Benzinmotor; unter anderem hatte die *Motor Rundschau* folgende Wünsche betreffend Verbesserung dieses Modells:

„Gerade das Besondere an diesem Wagen führt auch zu besonders hohen Ansprüchen: Dieselmotor noch weicher und ruhiger. – Volles Abfangen auch noch der kurzen, kleinen Radstöße schneller Folge, für höchste Bodenhaftung (Wellen, Nässe) und höchsten Federungskomfort. – Schaltung gerade im ersten und zweiten Gang noch leichtgängiger. – Signalring-Lenkrad so gestaltet, daß die griffbequemen Lenkradspeichen nutzbar werden. – Trotz der sehr guten Heiz-Lüftung noch Ausstellfenster."

Das schnellste aller Ponton-Modelle nahm sich 1959 ebenfalls die *Motor Rundschau* vor – den damals 14.400 Mark teuren 220 SE. Der 115 PS starke Einspritzmotor sorgte für beachtliche Fahrleistungen: „Schon als Motor des »220 S« lautete unserer Kennzeichnung: besonders ausgeglichen, weich, geschmeidig, mit einem sehr gesunden Ton, der auch bis zum Vollgasbereich nur wenig anschwillt. – Als Einspritzmotor im »220 SE« liegen Lei-

Testfahrt durch Schnee und Regen mit einem 1957er Mercedes-Benz 220 S.

stung (115 gegen 106 PS) und Temperament (Drehmoment 19 gegen 17,5 mgk) noch höher. Dadurch gibt der Einspritzer dem geräumigen, soliden und entsprechend gewichtigen Reisewagen bis zum Spitzentempo das Temperament eines rassigen Sportmodells."

Der 220 SE hatte nun Bremskraftverstärker, und es gab somit auch keine Probleme mehr mit der Verzögerung dieses temperamentvollen Automobils. Was die Federung betraf, so attestierte der Tester dem Wagen ein ,,Optimum zwischen Weichheit und Härte" und auch die Straßenlage gab kaum Anlaß zur Klage: ,,Durch die niedrigen 13"-Räder, die Einzelradfederung vorn und Eingelenk-Pendelachse hinten überzeugt die Straßenhaftung auf den meisten Straßen, auch bei dem hohen Autobahn-Luftdruck von 1,9/2,0 atü. Nur auf nassen, schmierigen und welligen Straßendecken muß, wenn nur die Vordersitze belastet sind, die geringere Hinterachsbelastung etwas beachtet werden."

Folgendermaßen charakterisierte man die reichhaltige und hochwertige Ausstattung:

,,Behaglich, vornehm und solide Sindelfinger Qualität mit der gewünschten repräsentativen Note. Sehr bequemer Fünfsitzer mit sehr langem Beinraum im Fond. – Getriebe-Kardan-Tunnel nur wenig störend. Polsterung sehr gut. Große Einzelsessel vorn, im Sitzen verstellbar, mit Klapplehnen (Lehnen in zwei Neigungen verstellbar). Vier Armlehnen. Zwei lange, praktische Halte- und Garderobestangen. Sehr bequemer Einstieg durch vier vorn angelenkte Türen, »Schürzen« der Hintertüren verhindern das Beschmutzen der Kleider beim Einsteigen! – Sicht vorn sehr gut, hinten gut. Fahrer sieht beide Vorderkotflügel!"

An Verbesserungsvorschlägen blieben da nur noch Kleinigkeiten anzumerken, wie z.B. ein besser gepolstertes

Armaturenbrett mit versenkten Knöpfen, noch leichtgängigere Schaltung und anatomisch besser geformte Sitze. Im deutschen Edel-Auto-Magazin *Motor-Revue* erschien in der Nummer 28/1958 ein ausführlicher Bericht über das exklusive 220 S Cabriolet, das mit einem Preis von rund 22.000 Mark gut in den noblen Rahmen dieses Blattes paßte. Behutsam versuchte der Tester zu Beginn auf die im Vergleich zur Limousine etwas weniger harmonische Karosserie hinzuweisen:

,,Die Karosserie stimmt nur in ihrem vorderen Teil – Front, Motorhaube und vordere Seitenteile – mit der Serie überein, das Heckteil, die Türen und die als »gemäßigte« Panoramascheibe seitlich herumgezogene Windschutzscheibe sind verändert. Wir finden, daß diese Synthese einigermaßen gelungen ist, wenn auch natürlich eine in einem Stück neu konzipierte Karosserie unter Umständen noch harmonischer aussehen würde. Der gesamte Aufbau ist von außerordentlich solider Qualität, Klappergeräusche und Vibrationen waren am Testwagen nicht festzustellen. Die zahlreichen Chromränder an den Seitenteilen, die zunächst etwas nach unmotiviertem Prunk aussehen, erweisen sich als sehr praktisch, denn sie verhindern es, daß bei Berührungen mit Türpfosten in engen Toreinfahrten gleich Spuren auf dem Lack entstehen.''

Ganz begeistert war Tester Reinhard Seiffert natürlich von der edlen Innenausstattung des Cabriolets:

,,Die Innenausstattung kann man uneingeschränkt als hervorragend bezeichnen. Sie trägt ohne Zweifel entscheidend zu dem Eindruck des Besonderen und Erstklassigen bei, den dieser Wagen macht, und sie dürfte auch den Preis wesentlich mitbestimmt haben. Sitze, Türinnenteile und die vorbildlich glatte Armaturenbrett-Unterkante sind mit feinem und mustergültig verarbeitetem Leder bezogen. Die Oberkante des Armaturenbretts besteht aus Edelholz, ebenfalls die Tür-Oberkanten.''

Die wunderschönen Ledersitze führten leider, wie bei diesem Material üblich, zu Transpiration und wenig Halt. Ärger aber gab es vor allem mit dem Motor, der nur sehr unwillig ansprang, mit lärmendem Anlasser. Doch lief er erst einmal, waren die Sorgen schnell vergessen:

,,Davon abgesehen ist der Motor freilich eine Quelle ungetrübten Vergnügens, denn er ist elastisch und bis in die höchsten Drehzahlen laufruhig. Das ist bei diesem hochdrehenden Motor erstaunlich, aber auch wichtig, denn man bringt es im normalen Fahrbetrieb ohne weiteres ab und zu auf über 6000 U/min, die im II. Gang knapp 75 km/st entsprechen. Dabei fühlt sich der Motor noch hörbar wohl.''

Konnte das schwere Cabriolet auch nicht die Fahrleistungen der Limousine erreichen, so beeindruckte andererseits die gepflegte Art der Fortbewegung:

,,Wenn man in diesem Wagen auch auf langen Reisen kaum ermüdet, liegt das aber ebenso an den Qualitäten von Fahrwerk und Karosserie. Vibrationen dringen weder vom Motor noch von der Straßenoberfläche durch. Das Fehlen lästiger Laufgeräusche auch auf Pflaster und rauhem Beton mochte allerdings zum Teil auch Verdienst der hervorragenden »Nylon Sport«-Reifen der Marke Firestone Schweizer Fabrikats sein, die man übrigens in Deutschland leider nicht kaufen kann. Sehr erfreulich fanden wir die Tatsache, daß selbst beim Cabriolet keine unangenehmen Windgeräusche auftraten.

Zu diesem weniger leistungs- als komfortbetont ausgelegten Automobil paßte eine weicher abgestimmte Federung sehr gut, deren Nachteile, die nur bei sehr schneller Fahrweise auftraten, so gut wie nicht ins Gewicht fielen:

,,Wie jedes Automobil entbehrt es nicht besonderer verbesserungswürdiger Eigenheiten, aber es stellt ganz sicherlich im Zusammenklang seiner Fahrleistungen und seiner Ausstattung eine Leistung eigener Prägung dar. Auch in noch höheren Preisklassen wird man etwas Ebenbürtiges suchen müssen: ein exklusives Fahrzeug von hohem Komfort für einen kleinen Kreis besonderer Liebhaber.''

Motor Rundschau

UNSER TEST:

MERCEDES-BENZ TYP »180 D«

SONDERDRUCK AUS HEFT 13/1958

Sonderdruck der Motor-Rundschau mit einem Testbericht über den Mercedes-Benz 180 D von 1958.

TEST

Die Motor-Rundschau bescheinigte dem 180 D eine Beschleunigung von 39 Sekunden von Null auf 100 km/h. Ein VW-Käfer machte es in 37,5. . .

● Unsere Messungen für den **Mercedes-Benz Typ „180 D"** 1,8 Liter

Motor

Wassergekühlter Vierzylinder-Viertakt-Reihenmotor, Typ OM 636 VII mit hängenden Ventilen, durch Stoßstangen und Kipphebel gesteuert (Ventilspiel kalt E 0,2, A 0,15 mm). Einlaß öffnet 19° vor oT, schließt 54° nach uT, Auslaß öffnet 66° vor uT, schließt 33° nach oT. — Bohrung/Hub 75/100 mm. — **Hubraum 1767 ccm.** — **Leistung 43 PS** bei 3500 U/min. Maxim. Drehmoment 10,3 mkg bei 2000 U/min. — Verdichtung 19 : 1. — Dieselmotor mit Vorkammer (Gleichstrom-Brennverfahren). — Gegossene Mahle-Alu-Kolben.

Karosserie

Ganzstahl mittragend. — **Limousine** (wie geprüft): viertürig, fünfsitzig, mit Tacho, Tankuhr, Kühlwasserthermometer, Öldruckanzeige, Tagesuhr, zwei Sonnenblenden, zwei Handschuhkästen, drei Aschern, elektrischem Anzünder, Rückfahrtleuchte, Lenkschloß, **mit Heiz-Lüftungsanlage.**

Preis **9200,— DM**

(Jahressteuer 260,— DM, Mindesthaftpflichtversicherung 260,— DM im Jahr.)

Abmessungen

Radstand 2650 mm. Spurweite vorn/hinten 1420/1460 mm. Länge über alles 446 cm. Breite über alles 174 cm. Höhe leer 156 cm.

Gewicht

(fahrfertig mit vollem Tank) **1200 kg**
vorn : hinten = 635 : 565 kg = 53 : 47%.
Zulässiges Gesamtgewicht 1650 kg.

Leistungsgewicht

mit zwei Personen **31,5 kg/PS**
leer fahrfertig 28,0 kg/PS

Bereifung **6,40—13**

Luftdruck vorn und hinten **1,7/1,8 atü**
Höchstluftdruck für Autobahn 1,9/2,0 atü.

Bremsverzögerung

(mittlere Verzögerung)
Fußbremse 6,0 m/sec²
Handbremse 2,3 m/sec²

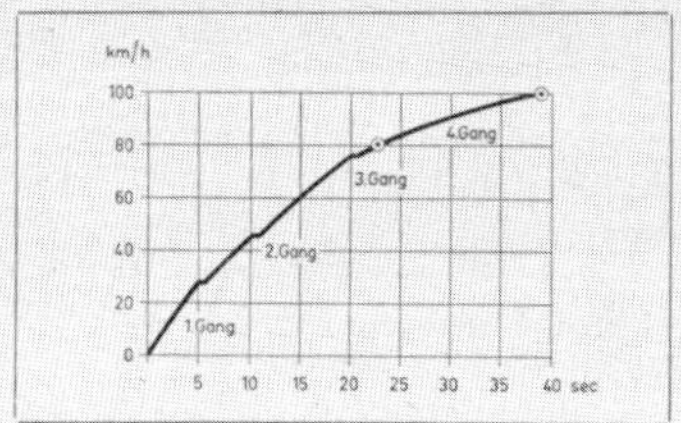

Beschleunigung mit Durchschalten

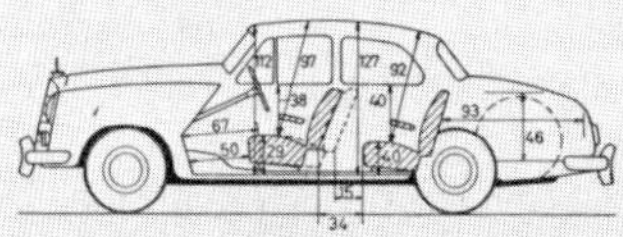

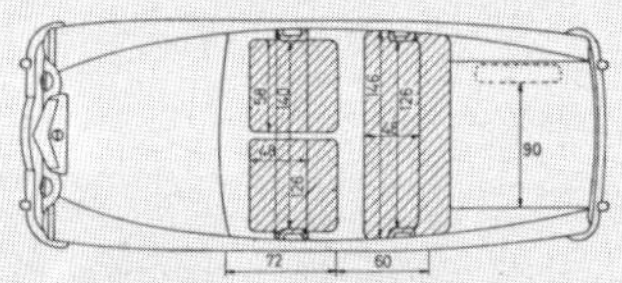

Ellbogenfreiheit vorn 142, hinten 142 cm

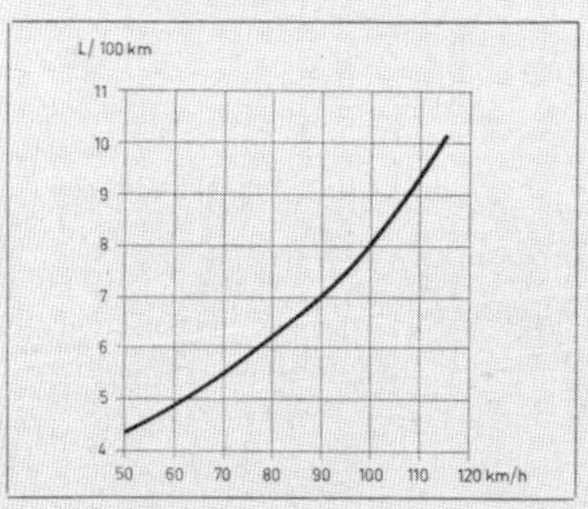

Kraftstoffverbrauch bei gleichbleibenden Geschwindigkeiten

Höchstgeschwindigkeit 115 km/h

In den Gängen:
I. = 0 bis 28, II. = 10 bis 46, III. = 20 bis 77, IV = ab 35 km/h.

Beschleunigungszeiten

von 30 auf 60 km/h im 3. Gang	**9,0 sec**
von 40 auf 70 km/h im 3. Gang	**10,0 sec**
von 70 auf 100 km/h im 4. Gang	**24,0 sec**
von 0 auf 80 km/h mit Durchschalten 1.-4. Gang	**22,5 sec**
von 0 auf 100 km/h mit Durchschalten 1.-4. Gang	**39,0 sce**

Bei etwa **10% Steigung** Geschwindigkeit mit einer Person 3. Gang **58 km/h**

Steigfähigkeit bei voller Last:
I. = 35%, II. = 19%, III. = 11%, IV. = 6%.

Kraftstoffverbrauch

(bei gleichbleibender Geschwindigkeit)

bei 50 km/h	4,3 L/100 km
bei 70 km/h	5,5 L/100 km
bei 90 km/h	7,0 L/100 km
bei Vollgas*) = 115 km/h	10,2 L/100 km

*) Nur theoretisch-meßtechnisch interessant. Entscheidend ist der Reiseverbrauch.

Reiseverbrauch

je nach Belastung 7,5 bis 8,5 L/100 km. Tester fuhr 1200 km Autobahn, Mittelgebirge und normale Straßen mit z. T. sehr hohen Durchschnitten mit 7,2 — 7,4 — 7,6 — 7,9 — 8,2 — 8,3 — 8,6 L/100 km.

Prüfung

Geprüfte Limousine von 12 600 bis 13 800 km-Stand. Alle Messungen mit zwei Personen Belastung.

Hersteller: Daimler-Benz AG., Stuttgart-Untertürkheim

Tester: Joachim Fischer, Juni 1958 Frankfurt am Main

Gesamteindruck, Einzelbewertung und Techn. Daten umseitig

. . .dafür hielt man dem Wagen zugute, daß er auf 100 Kilometer für nur 4,10 Mark Dieselkraftstoff benötigte.

Gesamt-Eindruck

Mercedes-Benz Typ „180 D" 1,8 L

Der „180 D" von Mercedes-Benz braucht von einem billigeren Kraftstoff weniger. Dabei ist der „180 D" ein Mercedes-Benz-Personenwagen mit allen Qualitätsmerkmalen, die sich in den Fahreigenschaften auswirken, und mit dem Fahrkomfort der Sindelfinger-Karosserie. Außerdem ist er ein **großräumiger Fünfsitzer.**

Mit diesen drei Sätzen ist bereits alles Wesentliche gesagt. Die Höhe der Kraftstoffkosten hängt vom Preis des Dieselöls in dem betreffenden Land ab. Ein Beispiel aus der Bundesrepublik: anstatt 11 Liter Benzin = 6,80 DM genügen 8 Liter Dieselöl = 4,10 DM auf 100 km. Und das wirkt sich natürlich im **Langstreckenverkehr** stark aus, so daß sich d a n n der Mehrpreis des Wagens mit Dieselmotor (750,— DM) sehr bald bezahlt macht.

Natürlich hat auch dieser **Dieselmotor** seine **Eigenheiten,** die man dafür mit in Kauf nehmen muß. Da ist vor allem das Dieselgeräusch besonders beim Kaltstart und der etwas härtere Gang des Motors sowie die geringere Leistung des etwas schwereren in der Leistung begrenzten, gedrosselten Motors. Das ergibt z. B.: wenn der „180 a" bereits in 13 sec auf 80 km/h beschleunigt, so braucht der „180 D" dazu immerhin 22 sec. Viele Fahrer nehmen das alles sehr gern mit in Kauf, und das beweist allein die Tatsache, daß man Monate auf einen „180 D" warten muß und daß Daimler-Benz bereits von diesem Dieselmotor über 200 000 Stück und vom Wagen „180 D" allein fast 100 000 gebaut und in viele Länder verkauft hat.

Für die übrige Gesamtkonzeption gilt das gleiche wie beim Typ „180 a": Man ist sofort beeindruckt von der **Sindelfinger-Karosserie,** die zwar bewußt konservativ in Form und Ausstattung, aber geschmackvoll, behaglich, bequem, solide und durchdacht ist. Dazu kommen weitere typische Mercedes-Benz-Merkmale wie die steife **Rahmen-Boden-Kombination** der mittragenden Karosserie, die Aufhängung des Motor-Getriebeblocks und der Vorderräder in einem besonderen **„Fahrschemel",** der nochmals gegenüber der Karosserie in Gummi gelagert wird und damit doppelt isoliert ist, die exakte, leichtgängige **Kugelumlauflenkung** und schließlich die **Eingelenk-Pendelachse,** die durch die längstmöglichen Hebelarme der Achshälften die Bodenhaftung der Räder erhöht.

Alles in allem bleibt der „180 D" besonders in den laufenden Kosten (geringer Verbrauch und hohe Motor-Lebensdauer) in sehr bescheidenen Grenzen und hat doch von der Leistung abgesehen alle wesentlichen **guten Eigenschaften** und Sonderheiten der Mercedes-Benz-Modelle in Fahrkomfort und Qualität.

Einzel-Bewertung

Mercedes-Benz Typ „180 D" 1,8 L

Motor

Sparsamkeit, Ausdauer, Elastizität und Zähigkeit sind Merkmale dieses Vierzylinder-**Dieselmotors.** Vom Dieselkraftstoff braucht er 2 bis 3 Liter je 100 km weniger als der entsprechende Wagen mit Benzinmotor. Im Leerlauf, besonders beim Start ist das bekannte harte Dieselgeräusch noch vorhanden, im normalen Fahrbetrieb ist der Motor aber als Diesel ausgeglichen und nicht zu laut. Die Leistung beträgt 43 (bis 1955 waren es 40) PS.— Der Motor springt bei jeder Temperatur, kalt nach kurzem Vorglühen leicht an. Die Motordrehzahl wird im direkten Gang bei etwa 115 km/h begrenzt (Regler entsprechend eingestellt). Beim Dieselmotor sind Höchsttempo und Dauergeschwindigkeit praktisch gleich! — Motordrehzahl im 4. Gang bei 80 = 2750, bei 100 = 3220, bei 115 km/h = 3700 U/min. Kolbengeschwindigkeit entsprechend bzw. 8,6 bzw. 10,7 bzw. 12,3 m/sec.

Getriebe

Das sehr sorgfältig abgestimmte Vierganggetriebe gestattet volle Ausschöpfung der Motorleistung und Anpassung an alle Belastungsunterschiede, was gerade beim drehzahlbegrenzten Dieselmotor wichtig ist. — Die Lenksäulenschaltung ist in den oberen Gängen leicht zu schalten, unten etwas „hakend". — A l l e Gänge sind zwangssynchronisiert.

Straßenlage

Durch die niedrigen 13"-Räder, die Einzelradfederung vorn und die Eingelenk-Pendelachse hinten überzeugt die Straßenhaftung auf den meisten Straßen, selbst noch bei dem hohen Autobahnluftdruck von 1,9/2,0 atü. — Nur selten muß auf nassen, schmierigen und welligen Straßen die geringere Belastung der Hinterachse (der etwas schwerere Dieselmotor bringt geringe Kopflastigkeit) beachtet werden. — Die **Lenkung** ist mit etwa 3½ Umdrehungen übersetzt, sehr exakt, leichtgängig und stoßfrei.

Federung

Durch sehr sorgfältige Abstimmung der Schraubenfedern und der Stoßdämpfer aufeinander wurde zwar für d i e s e s Federungssystem ein Optimum zwischen Weichheit und Härte erreicht, aber kurze Querwellen des „Waschbrettes" usw. kommen noch etwas spürbar durch. — Kurvenneigung sehr gering.

Bremsen

Ausgeglichen und gut, aber etwas kraftaufwendig. — Handbremse als Stockbremse.

Ausstattung

Behaglich, vornehm und solide. Sindelfinger Qualität mit der gewünschten, repräsentativen Note. Sehr bequemer Fünfsitzer mit genügend Beinraum im Fond. — Getriebe-Kardan-Tunnel nur wenig störend. — Polsterung gut und ausgeformt! Große Einzelsessel vorn, im Sitzen verstellbar, mit Klapplehnen. Vier Armlehnen. Sehr bequemer Einstieg durch vier vorn angelenkte Türen, **„Schürzen"** der Hintertüren verhindern das Beschmutzen der Kleider beim Einsteigen! Wirksame Türfeststeller! — **Sicht** vorn besonders, hinten sehr gut. Fahrer sieht beide Vorder-Kotflügel! — **Belüftung:** vier Kurbelfenster, zwei Ausstellfenster, links und rechts getrennt regulierbare Frischluftzufuhr in den Fußraum sowie gegen die Stirn- und Seitenscheiben! Links und rechts getrennt regulierbare **Kühlwasser-Frischluftheizung** und -Entfrostung. — Griffiger Betätigungsring für Blinker und Signal im Zweispeichen-**Lenkrad.** — Besonders großer **Gepäckraum,** zumal **Reserverad** ganz seitlich und senkrecht im Raum steht. Radwechsel ohne Gepäckherausnahme. Auch bei **zwei** Reserverädern ist der freie Gepäckraum dazwischen noch groß! — Seiten-Wagenheber beim Reserverad. — Ablage hinter Rücklehne im Fond. — Wirksame Zapfen-Sicherheitsschlösser! — Sehr leichtgängige neue kleine Türgriffe innen! — Großer Handschuhkasten und Ablagen! — **Tank** im Heck, Einguß unter Verschluß. — **Batterie** unter der von innen verriegelten Motorhaube. — Rundherum **Sicherheitsglas!** — Weitere Ausstattung siehe unter „Karosserie".

Unsere Wünsche

Gerade das Besondere an diesem Wagen führt auch zu besonders hohen Ansprüchen: Dieselmotor noch weicher und ruhiger. — Volles Abfangen auch noch der kurzen, kleinen Radstöße schneller Folge, für höchste Bodenhaftung (Wellen, Nässe) und höchsten Federungskomfort. — Schaltung gerade im ersten und zweiten Gang noch leichtgängiger. — Signalring-Lenkrad so gestaltet, daß die griffbequemen Lenkradspeichen nutzbar werden. Ganz leichtgängige Handbremsbetätigung. — Türschloß auch rechts. — Abdeckung des Reserverades gegen Gepäck durch dünne Platte.

Technische Daten

Mercedes-Benz Typ „180 D" 1,8 L

Motor siehe erste Seite!

Elektrische Anlage

Glühkerzen Bosch Typ KE/GA 1/s oder Beru Typ 214 Ge zum Anlassen in den Vorkammern. — **Batterie** 12 V/84 Ah. — **Lichtmaschine** Bosch LJ/GEG 160/12-250 R 10. — **Anlasser** Bosch Typ EJD 1,8/12 R 70. — **Scheibenwischermotor** Typ Avog W 7 B.

Einspritzsystem

Bosch **Einspritzpumpe** Typ PES 4 A 50 B 410 RS 144 mit angebauter Förderpumpe. Handpumpe zur Entlüftung. — Einspritzdüsen Bosch-Zapfen-Düsen Typ DNO SD 211. Abspritzdruck der Einspritzdüsen 110 — 120 atü. Zündfolge 1 — 3 — 4 — 2. Einspritzbeginn bei Vollast 26° bis 40° vor oT, im Leerlauf 22° vor oT. — **Tank** im Heck, Inhalt 56 Liter.

Schmierung

Druckumlaufschmierung mit Ölfilter im Hauptstrom. Ölinhalt 4 L. Ölsorte SAE 30 im Sommer, SAE 20 im Winter (bei Kurzstreckenbetrieb SAE 20 im Sommer, SAE 10 im Winter). HD-Öle!

Kühlung

Wasserkühlung mit Überdruck-System, Pumpenumlaufkühlung. Selbsttätiger Umlaufregler. Kühlwasserinhalt 8,6 L mit Heizung.

Kupplung

Einscheiben-Trocken. 25 mm Kupplungsspiel am Fußhebel.

Wechselgetriebe

Viergang. Alle Gänge zwangssynchronisiert und geräuscharm. Übersetzung 4,05 : 1 — 2,38 : 1 — 1,53 : 1 — 1 : 1 — R = 3,92 : 1. **Gesamtübersetzung:** 15,0 : 1 — 8,8 : 1 — 5,67 : 1 — 3,7 : 1. — Getriebeölinhalt 1,4 L. Ölsorten: Flüssigkeitsgetriebeöl (Automatic-Transmission-Fluid= ATF).

Hinterachsantrieb

Hypoid-Kegelrad-Antrieb mit Bogenverzahnung. — Übersetzung 3,70 : 1. — Ölinhalt 2,25 L. Hypoidöl SAE 90.

Rahmen

Mittragend verschweißte Ganzstahl-Karosserie mit steifer Rahmen-Boden-Anlage. Besonderer „Fahrschemel" gummigelagert zwischen Karosserie und Motor mit Vorderradaufhängung. Stärke der Karosseriebleche 0,88 mm (Außenhaut).

Federung

Vorn Einzelradfederung mit je zwei Dreieckquerlenkern. Schraubenfedern mit Gummizusatzfederung und zusätzlicher Horizontal-Federung. Gummifederung zwischen „Fahrschemel" und Karosserie! Hydraulische Teleskop-Stoßdämpfer in den Federn. Drehstab-Stabilisator. — **Hinten** Eingelenk-Pendelachse mit tiefgelegtem Drehpunkt. — Schraubenfedern mit eingebauten hydraulischen Teleskop-Stoßdämpfern. — Zusätzliche Abstützung der Pendelachsen durch gummigelagerte Längslenker.

Räder

Scheibenräder 4½ K × 13 unsymmetrisch. Vorderräder unbelastet + 20' bis 40' Sturz, 0 bis 2 mm Vorspur, 2°50' bis 4° Nachlauf.

Lenkung

Daimler-Benz-Kugelumlauflenkung mit autom. Nachstellung und Lenkungsstoßdämpfer, geteilte Spurstange. — Ölinhalt 0,3 L. Ölsorte wie Hinterachse. — Wendekreis 10,7 m, 3½ Lenkradumdrehungen von Anschlag zu Anschlag.

Bremsen

Öldruck-Vierradbremse. Bremstrommeln mit Turbokühlung. Gesamtbremsfläche 1064 cm^2. — Handbremse wirkt auf Hinterräder, Bremstrommeldurchmesser vorn und hinten 230 mm. Bremsbelagfabrikat Jurid Typ K 3 L. Belagstärke 6 mm.

Typenschild

Unter Motorhaube auf Innenkotflügel rechts. Motornummer auf Kurbelgehäuse rechts.

Links: Typenbeschreibung zum 180 D von der Motor-Rundschau von 1958.

Typ	180; 180 a	180 a	180 b; 180 c	180 D	180 D; 180 Db
Bauzeit	1953 – 1957	1957 – 1959	1959 – 1962	1953 – 1955	1955 – 1961
Zylinderzahl	4	4	4	4	4
Bohrung x Hub mm	75 x 100	85 x 83,6	85 x 83,6	75 x 100	75 x 100
Hubraum cm^3	1767	1897	1897	1767	1767
PS bei U/min; Verdichtung	52 bei 4000; 6,7 : 1	65 bei 4500; 6,8 : 1	68 bei 4400; 7 : 1	40 bei 3200; 19 : 1	43 bei 3500; 19 : 1
Drehmoment mkg bei U/min	11,4 bei 1800	13 bei 2200	13,2 bei 2500	10,3 bei 2000	10,3 bei 2000
Vergaser	1 Fallstromvergaser SOLEX 32 PICB	1 Fallstromvergaser SOLEX 32 PICB	1 Fallstromvergaser SOLEX 34 PICB	Bosch Einspritzpumpe	Bosch Einspritzpumpe
Schaltung	Lenkradschaltung 4 Gang Vollsynchron.	Lenkradschaltung 4 Gang Vollsynchron.	Lenkradschaltung 4 Gang Vollsynchron.	Lenkradschaltung 4 Gang Vollsynchron.	Lenkradschaltung 4 Gang Vollsynchron.
Radstand mm	2650	2650	2650	2650	2650
Spur v./h. mm	1430/1475	1430/1475	1430/1475	1430/1475	1430/1475
Länge x Breite x Höhe mm	4485 x 1740 x 1560	4485 x 1740 x 1560	4485 x 1740 x 1560	4485 x 1740 x 1560	4485 x 1740 x 1560
Reifen	6,40 – 13	6,40 – 13	6,40 – 13	6,40 – 13	6,40 – 13
Leergewicht kg	1180 Ab Sept. 1955: 1200	1210	1210	1220	1220
Zul. Gesamtgewicht kg	1600	1615	1615	1650	1650
Höchstgeschwindigkeit km/h	125 km/h	134 km/h	136 km/h	112 km/h	115 km/h
Beschleunigung 0 – 100 km/h	ca. 31 sec	ca. 22 sec.	ca. 20 sec.	ca. 39 sec.	ca. 37 sec
Verbrauch/100 km	ca. 11,5 L.	ca. 10,5 L.	ca. 10,5 L.	ca. 8 L.	ca. 8 L.
Tankinhalt	56 L.	56 L.	56 L.	56 L.	56 L.
Grundpreis	1953/54 DM 9.950.— 1954/55 DM 9.450.— 1956 DM 8.760.— 1957 DM 8.750.—	1957/59 DM 8.760.—	1959/61 DM 8.760.— 1961/62 DM 8.950.— 1962 DM 9.350.—	1954/55 DM 10.300.—	1955/56 DM 10.300.— 1956 DM 9.850.— 1956/61 DM 9.450.—

Typ	180 Dc	190	190 b	190 D; 190 Db	220 a
Bauzeit	1961 – 1962	1956 – 1959	1959 – 1961	1958 – 1961	1954 – 1956
Zylinderzahl	4	4	4	4	4
Bohrung x Hub mm	87 x 83,6	85 x 83,6	85 x 83,6	85 x 83,6	80 x 72,8
Hubraum cm^3	1988	1897	1897	1897	2195
PS bei U/min; Verdichtung	48 bei 3800; 21 : 1	75 bei 4600; 7,5 : 1	80 bei 4800; 8,5 : 1	50 bei 4000; 21 : 1	85 bei 4800; 7,6 : 1
Drehmoment mkg bei U/min	11 bei 2200	13,9 bei 2800	14,2 bei 2800	11 bei 2200	16 bei 2400
Vergaser	Bosch Einspritzpumpe	1 Register-Fallstromvergaser SOLEX 32 PAITA	1 Register-Fallstromvergaser SOLEX 32 PAITA	Bosch Einspritzpumpe	1 Doppel-Fallstromvergaser SOLEX 32 PAATJ
Schaltung	Lenkradschaltung 4 Gang Vollsynchron.	Lenkradschaltung 4 Gang Vollsynchron.	Lenkradschaltung 4 Gang Vollsynchron.	Lenkradschaltung 4 Gang Vollsynchron.	Lenkradschaltung 4 Gang Vollsynchron.
Radstand mm	2650	2650	2650	2650	2850
Spur v./h. mm	1430/1475	1430/1475	1430/1475	1430/1475	1430/1470
Länge x Breite x Höhe mm	4485 x 1740 x 1560	4485 x 1740 x 1560	4500 x 1740 x 1560	4485 (4500) x 1740 x 1560	4715 x 1740 x 1560
Reifen	6,40 – 13	6,40 – 13	6,40 – 13	6,40 – 13	6,70 – 13
Leergewicht kg	1220	1240	1240	1250	1300
Zul. Gesamtgewicht kg	1660	1650	1650	1660	1730
Höchstgeschwindigkeit km/h	120 km/h	140 km/h	145 km/h	125 km/h	150 km/h
Beschleunigung 0 – 100 km/h	ca. 35 sec	ca. 21 sec.	ca. 19 sec.	ca. 29 sec.	ca. 19 sec
Verbrauch/100 km	ca. 8 L.	ca. 11,5 L.	ca. 11,5 L.	ca. 8,5 L.	ca. 13,5 L.
Tankinhalt	56 L.	56 L.	56 L.	56 L.	64 L.
Grundpreis	1961/62 DM 9.450.— 1962 DM 9.850.—	1956/59 DM 9.450.—	1959/61 DM 9.450.—	1958/61 DM 9.950.—	1954/56 DM 12.500.—

Typ	219	219	220 S	220 S	220 SE
Bauzeit	1956 – 1957	1957 – 1959	1956 – 1957	1957 – 1959	1958 – 1960
Zylinderzahl	6	6	6	6	6
Bohrung x Hub mm	80 x 72,8	80 x 72,8	80 x 72,8	80 x 72,8	80 x 72,8
Hubraum cm^3	2195	2195	2195	2195	2195
PS bei U/min; Verdichtung	85 bei 4800; 7,6 : 1	90 bei 4800; 8,7 : 1	100 bei 4800; 7,6 : 1	106 bei 5200; 8,7 : 1	115 bei 4800; 8,7 : 1
Drehmoment mkg bei U/min	16 bei 2400	17 bei 2400	16,5 bei 3500	17,5 bei 3500	19 bei 3800
Vergaser	1 Doppel-Fallstromvergaser SOLEX 32 PAATJ	1 Doppel-Fallstromvergaser SOLEX 32 PAATJ	1 Register-Fallstromvergaser SOLEX 32 PAJTA	1 Register-Fallstromvergaser SOLEX 32 PAJTA	Bosch-Zweistempel-Einspritzpumpe
Schaltung	Lenkradschaltung 4 Gang Vollsynchron.	Lenkradschaltung 4 Gang Vollsynchron.	Lenkradschaltung 4 Gang Vollsynchron.	Lenkradschaltung 4 Gang Vollsynchron.	Lenkradschaltung 4 Gang Vollsynchron.
Radstand mm	2750	2750	Limousine 2850 Coupé/Cabrio 2700	Limousine 2850 Coupé/Cabrio 2700	Limousine 2850 Coupé/Cabrio 2700
Spur v./h. mm	1430/1470	1430/1470	1430/1470	1430/1470	1430/1470
Länge x Breite x Höhe mm	4680 x 1740 x 1560	4680 x 1740 x 1560	Limousine: 4750 x 1740 x 1560 Coupé/Cabrio 4670 x 1765 x 1530	Limousine: 4750 x 1740 x 1560 Coupé/Cabrio: 4670 x 1765 x 1530	Limousine: 4750 x 1740 x 1560 Coupé/Cabrio: 4670 x 1765 x 1530
Reifen	6,40 – 13	6,40 – 13	6,70 – 13 Sport	6,70 – 13 Sport	6,70 – 13 Sport
Leergewicht kg	1290	1290	Limousine: 1350 Coupé: 1410 Cabrio: 1450	Limousine: 1350 Coupé: 1410 Cabrio: 1450	Limousine: 1370 Coupé: 1430 Cabrio: 1470
Zul. Gesamtgewicht kg	1710	1710	Limousine: 1790 Coupé/Cabrio: 1815	Limousine: 1790 Coupé/Cabrio: 1815	Limousine: 1810 Coupé/Cabrio: 1850
Höchstgeschwindigkeit km/h	150 km/h	152 km/h	160 km/h	165 km/h	170 km/h
Beschleunigung 0 – 100 km/h	ca. 19 sec	ca. 17 sec.	ca. 16,5 sec.	ca. 16 sec.	ca. 15 sec
Verbrauch/100 km	ca. 14,5 L.	ca. 13,5 L.	Limousine: 13,5 L. Coupé/Cabrio: 14 L.	Limousine: 13,5 L. Coupé/Cabrio: 14 L.	Limousine: 13 L. Coupé/Cabrio: 13,5 L
Tankinhalt	56 L.	56 L.	64 L.	64 L.	62 L.
Grundpreis	1956/57 DM 10.500.—	1957/59 DM 10.500.—	Limousine: DM 12.500.— Coupé/Cabrio: DM 21.500.—	Limousine: DM 12.500.— Coupé/Cabrio: DM 21.500.—	Limousine: DM 14.400.— Coupé/Cabrio: DM 23.400.—

Mercedes-Benz 1886–1986 Catalogue Raisonné. Band 1 enthält einen historischen Abriß, Band 2 listet erstmals sämtliche von Daimler, Benz und Daimler Benz AG gebauten Pkws mit technischen Daten, Produktionszahlen und Karosserievarianten auf. Insgesamt 840 S., mehr als 1000 Abb., 40 S. in Farbe, 2 Bände im Schuber, deutsch/engl./franz. Text.

Daimler-Benz – Die Technik/Das Unternehmen vom M. Barthels, G. Lingnau und M. Kruk. Diese zweibändige Firmengeschichte schildert die Entwicklung dieses bedeutenden Automobilherstellers von den Anfängen bis zu der Spitzenstellung, die das Unternehmen heute einnimmt. 2 Bände im Schuber, zus. 628 S., 803 SW- und 48 Farbfotos.

Mercedes-Benz Personenwagen 1886–1986 von Werner Oswald. Dieses einzigartige Buch vermittelt einen umfassenden Überblick über sämtliche innerhalb der letzten 100 Jahre von Daimler und Benz hergestellten Personenwagen. 680 S., 1200 Abb.

Daimler-Benz – Wo das Auto anfing: 100 Jahre Automobil von Werner Walz. Erstklassiges Fotomaterial, viel Historisches aus den Zeiten von Daimler und Benz. 200 S., über 43 Farb- und 201 SW-Fotos.

Mercedes-Benz – Die ersten hundert Jahre von Richard M. Langworth. Ein Bildband im Großformat über die komplette Modellentwicklung von 1886 bis 1986. 256 S., 341 SW- und 151 Farbfotos.

The Star and the Laurel: The Centennial History of Daimler, Mercedes and Benz 1886–1986 von Beverly Rae Kimes. Dieser Band gibt einen kompletten Überblick über die Produktion. Ein prächtiger Bildband. 400 S., 782 Abb., engl. Text.

Die Geschichte der Mercedes-Benz Diesel Personenwagen. Dieses von K.-H. Götz herausgegebene Buch beschreibt die Diesel-Pkw vom ersten Serienmodell 1935 bis Ende der 70er Jahre. Hauptsächlich Werksmaterial. 128 S., 70 SW-Fotos und 10 Bildtafeln.

Mercedes-Benz: A History von W. Robert Nitske. Die Geschichte des ältesten Automobilherstellers wird von dem amerikanischen Automobilexperten geschildert. Die Aufmachung gleicht den beiden vorangegangenen Werken „Mercedes 300 SL“ und „Mercedes Benz Production Models“. 228 S., 316 Abb., engl. Text.

Mercedes-Benz Production Models Book 1946–1986 von W. Robert Nitske. Diese Neubearbeitung behandelt alle Personenwagen der Nachkriegszeit bis ins Jahr 1986. Im Anhang alle technischen Tabellen, Produktionszahlen und vieles mehr. 263 S., 349 SW-Abb., engl. Text.

Daimler-Benz-Museum vom Fritz B. Busch. Dieser umfangreiche Führer durch das Daimler-Benz-Museum besticht durch hervorragende Farbfotos und detaillierte Information. 84 S., 125 Abbildungen.

Mercedes For the Road von Henry Rasmussen. Ein prachtvoller Fotoband dieses einzigartigen Fotografen in der allseits beachteten Survivors-Reihe. 135 S., 173 Abb., davon 164 in Farbe, engl. Text.

The Mighty Mercedes von Michael Frostick. Ein umfassender Bildband aus dem Hause Dalton Watson über alle Renn- und Serienfahrzeuge von 1885–1970. 212 S., 450 Fotos, engl. Text.

The Mercedes-Benz Since 1945 Vol. 1: The Early Postwar Years – A Collector's Guide von James Taylor. Ein Leitfaden für Sammler und Käufer eines frühen Nachkriegs-Mercedes. 120 S., 140 Fotos, engl. Text.

Mercedes Illustrated Buyers Guide. Ein fundierter Kaufberater mit vielen technischen Daten und Informationen. 170 S., ca. 180 Abb., engl. Text.

Mercedes-Benz: Book of the Car – A History of Mercedes from 1884–1984 von Tony Stewart Jones. Ein schöner Bildband über die glorreiche 100jährige Geschichte der Marke Mercedes. 104 S., 80 Farbfotos, 20 SW-Fotos, engl. Text.

Les 180, 220, 300 Mercedes von Daniel Puiboube. Dieser Band der Edition Atlas zeigt auf vielen Schwarzweiß-Fotos diese Modelle und ihre Entwicklung. 72 S., 125 SW-Abb., franz. Text.

Mercedes-Benz Automobile von Heribert Hofner. Sehr ausführliche Typologie. Für Ponton-Freunde zu empfehlen: **Band 4: Vom 190 SL zum 300 SEL** 3. Auflage, 167 Seiten, 16 Farbfotos, 188 SW-Fotos, 25 Zeichnungen.

Mercedes-Benz Cars 1954–1957, Mercedes Benz Cars 1957–1961 von R.M. Clarke. In der Brooklands-Reihe sind als Nachdrucke von zeitgenössischen Artikeln diese Bände über die Marke Mercedes-Benz entstanden. Jeder Band im Format A4, 100 S. und sehr gut illustriert, engl. Text.

Mercedes-Benz Diesel Automobiles von Robert Nitske. Dieses Buch beschreibt alle Diesel-Modelle aus dem Hause Mercedes-Benz. 160 S., 250 Abb., engl. Text.

Mercedes 180–220 SE (WHB 190). Nachdruck des Original-Werkstatthandbuches, 520 Seiten, gute Druckqualität, gelocht abgeheftet, A4.

Mercedes 180 1953. Nachdruck des Werkstatthandbuches. A4, 174 S., WK 1906.

Mercedes 180 A–300 D Kundendiensteinführung. Nachdruck. A4, 114 S., WK 1785.

Schrader-Motor-Chronik

MERCEDES-BENZ

Heckflossen-Modelle
220, 190/200, 230, 300 SE
1959–65

Vorsicht!
Montagegrube
Vorsicht!
Montagegrube
Vorsicht!
Montagegrube

Schrader-Motor-Chronik

MERCEDES-BENZ

Heckflossen-Modelle 220, 190/200, 230, 300 SE
1959–65

Eine Dokumentation von
Walter Zeichner

Sie sind schon zu echten Klassikern avanciert, die Mercedes-Benz-Personenwagen der sechziger Jahre, die wegen ihrer akzentuierten hinteren Kotflügelkanten den Beinamen „Heckflossen"-Mercedes erhielten. Die Linie dieser Fahrzeuge war damals up to date, und sich gerade dieser Wagen im Rahmen der Schrader-Motor-Chronik anzunehmen entspricht einem immer wieder geäußerten Wunsch vieler Liebhaber solcher Modelle. Das vor Ihnen liegende Buch zeigt einen Querschnitt durch die zeitgenössische Werbung für die „Heckflossen", zusammengestellt unter Mitarbeit von Georg Amtmann und Kai Jacobsen, während die Auflistung der Miniaturen im Anhang eine Arbeit Robert Horenders ist – ihnen sei an dieser Stelle Dank gesagt.

Halwart Schrader
Herausgeber

Inhalt

Die Karosserielinie der sechziger Jahre

Mitte der fünfziger Jahre machten sich im Automobil-Design neue Einflüsse bemerkbar, die zur Folge hatten, daß die zuvor von fast allen europäischen Autoproduzenten angestrebten barocken Formen ihrer Karosserien allmählich einer gewissen Straffung unterworfen wurden. Zuvor war das Ideal einer schönen Karosserie meist an amerikanischen Vorbildern gemessen worden.
Ob große Limousine, biedere Mittelklasse oder Kleinwagen: Fast alle Autos mußten hierzulande Elemente amerikanischen Stylings mit sich herumschleppen, oft mit wenig Rücksicht auf die Ästhetik. Da kamen Kleinwagen mit überdimensionalen Panoramascheiben daher, und die Modelle von Ford und Opel waren nichts anderes als geschrumpfte Ausgaben ihrer großen Vettern in Übersee, mit allen Attributen dortiger Schönheitsideale.
Als nicht gerade schön, aber up to date waren auch jene Mittelklassewagen zu bezeichnen, die Daimler-Benz in den frühen fünfziger Jahren erstmals mit modernen Pontonkarosserien ausgestattet hatte. Gemeint sind die Modelle vom 180 D bis zum 220 S, denen aber das Verdienst eingeräumt werden muß, in dieser traditionsreichen Firma modernere Zeiten eingeläutet zu haben. Diese Fahrzeuge, obwohl von deutlich sichtbarem amerikanischen Einfluß verschont geblieben, verfügten dennoch über die bauchig-barocken Formen, die damals so beliebt waren, deren Ende jedoch schon bald abzusehen war, als sich einige Stylisten neuen, von italienischer Eleganz geprägten Entwürfen zuwandten und Karosserien von überraschender Klarheit zeichneten, die aber erst Anfang der sechziger Jahre auf der Straße erschienen.
Auch in Stuttgart erkannte man diesen Trend zur gestrafften Linienführung recht bald und begann 1955 über einen Nachfolgetyp des „Ponton-Mercedes" nachzudenken. Dabei war es vordringlich, zuerst einmal für das Spitzenmodell in der Mittelklasse, den 220, einen Nachfolger entstehen zu lassen. Es war leichter, ein altmodisches, aber preiswertes Auto zu verkaufen als das teuerste Modell dieser Klasse, das ja eigentlich den neuesten Stand von Technik und Design repräsentieren sollte.
Schon 1956 versammelte Chefkonstrukteur Fritz Nallinger seine wichtigsten Mitarbeiter um sich, um die Richtlinien für die Planung eines neuen 220ers festzulegen. Nallingers oberste Forderungen bestanden darin, daß der neue Wagen im Herbst 1959 fertig sein mußte und daß er im Innenraum ein noch großzügigeres Platzangebot offerieren sollte als der bisherige Typ. Bald nach dem Erscheinen des neuen 220 sollten dann auch die Vierzylindermodelle in ähnlichem Kleid erscheinen, und sogar den archaischen 300er sollte in absehbarer Zeit eine besonders luxuriöse Variante dieses Wagens ersetzen. Wichtige Forderung an das künftige Modell war zudem, den neuesten Erkenntnissen der passiven Unfallsicherheit Rechnung zu tragen, um damit nicht zuletzt ein sehr werbewirksames Zeichen zu setzen, da solchen Vorkehrungen in der damaligen Zeit noch kaum Beachtung geschenkt wurde. Kaum jemand sprach von „Knautschzonen". So gab es viel Arbeit, vor allem für die Karosseriebau- und Designabteilung unter Karl Wilpert, die vor gleich zwei neue Aufgaben gestellt wurde, nämlich eine neue und zugleich sichere Karosse zu schaffen. 1957 standen die elementaren Konturen der werksintern W 110, 111 und 112 genannten Projekte fest, 1958 kamen die ersten Prototypen auf die Straße und wurden den üblichen Tests unterzogen. Die ersten „Erlkönige" tauchten im Straßenverkehr auf, natürlich in abenteuerlicher oder doch möglichst nichtssagender Maskerade, um in der Öffentlichkeit noch bis zur Eröffnung der IAA 1959 kein Aufsehen zu erregen.
Anfang 1959 waren die W-111-Modelle, also die 220er-Typen, so gut wie produktionsreif. Die maßgebenden

Herren bei der Neukonstruktion dieser Wagen, Nallinger, Wilpert, Müller und Uhlenhaut, brachen mit vier W 111 zu einer abschließenden Testfahrt von Stuttgart nach Neapel auf, um sich davon zu überzeugen, daß einer Serienfertigung nichts mehr im Wege stand. Nach weitgehend positivem Verlauf der Reise wurde grünes Licht für die Produktion der Vorserie gegeben, die im Mai 1959 begann. Pünktlich zur Automobilausstellung in Frankfurt standen die neuen 220er auf dem Stand von Daimler-Benz und sorgten für entsprechendes Aufsehen, das bekanntlich immer entsteht, wenn Mercedes nach langer Zeit der Entwicklung ein neues Modell präsentiert.

Doch genaugenommen waren es drei Modelle, die von nun an die alten Ponton-Typen 219, 220 S und 220 SE ersetzten. Sie hießen 220 b, 220 Sb und 220 SEb, wobei der kleine Buchstabe „b“ die Nachfolgemodelle kennzeichnen sollte, um in Texten Verwechslungen mit den Vorgängern zu vermeiden. Jedoch erschien er nicht neben der Typenbezeichnung auf dem Kofferraumdeckel.

Die neue Karosserie dieser Wagen beeindruckte das Publikum nachhaltig und kann auch heute noch als gelungen bezeichnet werden. Die Zielsetzung der Designer, modernste Linien mit dem traditionellen Gesicht der Stuttgarter Fabrikate vereinen zu wollen (was einen interessanten Widerspruch darstellte, aber bis heute immer wieder erstaunlich ansehnliche Fahrzeuge hervorbrachte), war erreicht.

Im Falle der neuen 220er hatte man es gewagt, amerikanische mit italienischen Stilelementen zu kombinieren, doch selbst diese risikoreiche Vermählung, zudem gekrönt durch den unverzichtbaren Kühlergrill, der bis heute jeder Mercedes-Limousine ihr unverwechselbares Gesicht verleiht, führte zu einem attraktiven Automobil mit der bekannt soliden und repräsentativen Ausstrahlung der schwäbischen Produkte mit dem Stern. In ihren Umrissen konnte diese Karosserie den Einfluß modisch eckiger Formen, wie sie von italienischen Wagen dieser Zeit bevorzugt getragen wurden, nicht verleugnen, wiewohl massige doppelte Stoßfänger vorne und hinten und vor allem die zwar nicht dominierenden, aber bis heute charakteristischen Heckflossen auf den Einfluß amerikanischer Design-Ideale hindeuteten. Glücklicherweise ließ jedoch der eher zurückhaltende Stil von Daimler-Benz diese Heckflossen gegenüber ihren Vorbildern an Wagen von Chrysler oder Cadillac eher unterentwickelt erscheinen, so daß die Grenze des guten Geschmacks nicht überschritten wurde. Man muß zugeben, daß der Wagen ohne diese Flossen wesentlich langweiliger aussehen würde.

Neben dem deutlich niedriger gehaltenen Kühlergrill sorgten an der Front übergroße Lichteinheiten, die von der vorderen Oberkante der Kotflügel fast bis zur Stoßstange reichten, für einen auffälligen Blickfang. Zum erstenmal hatte man diese Scheinwerfer 1957 am 300 SL gesehen, aber auch den 220er-Limousinen standen sie gut zu Gesicht. Noch eindrucksvoller waren da nur die horizontal zweigeteilten „sealed beam“-Scheinwerfer der Wagen für den Amerika-Export.

Die vielleicht wichtigste Errungenschaft der neuen Baureihe war jedoch das ausgeprägte Bemühen der Konstrukteure um passive Sicherheit nach Entwicklungen und Patenten des Ingenieurs Béla Baréniy, die darin resultierte, daß der neue 220er der erste Mercedes war mit steifer Fahrgastzelle und Knautschzonen vorne und hinten, die sich bei einem Aufprall zusammenschoben, um so dessen Wucht zu vermindern, heute eine Selbstverständlichkeit. So war der Heckkofferraum des neuen Mercedes zu gigantischer Größe angewachsen, um genügend verformbaren Raum bieten zu können. Auch der Innenraum zeigte sich ganz auf die Sicherheitsbedürfnisse der Insassen bei einem eventuellen Aufprall zugeschnitten; alle Ecken und Kanten des Armaturenbrettes waren dick gepolstert, und auch die Lenkradnabe war von einem wattierten Ring eingefaßt. Der Innenrückspiegel war zum ersten Mal so konstruiert, daß er bei plötzlicher Berührung abfiel. Alle Hebel und Knöpfe waren biegsam und widerstanden einem harten Aufprall nicht; die Windschutzscheibe fiel heraus, sobald ein Insasse gegen sie geschleudert wurde. Der W 111 war wirklich der erste Mercedes, der ganz unter dem Gesichtspunkt der Sicherheit konstruiert worden war, und selbst bei der Anordnung der Scheibenwischer sollte dem Käufer ein Mehr an Sicht geboten werden, da diese nicht mehr parallel wie sonst üblich über das Glas strichen, sondern wie Vogelschwingen aufeinander zu wischten, wobei sie sich in der Mitte noch stark überschnitten und so das Zentrum der Scheibe fast völlig frei halten konnten. Leider reichten sie jedoch durch die starke Krümmung der Panoramascheibe seitlich nicht weit genug herum, so daß der Blick nach schräg vorne getrübt blieb. Immer wieder wurde in spektakulären Aufprall- und Überschlagtests die Festigkeit der Fahrgastzelle geprüft, und so bekam der W-111-Käufer nicht nur ein sehr solides, sondern auch für die damalige Zeit sehr sicheres Automobil für sein Geld. Dabei mußte der 220-Interessent freilich auch tief in die Tasche greifen, denn bereits das 95 PS starke Einstiegsmodell 220 kostete mit 11 500 Mark über 1500 Mark mehr als ein ebenfalls sehr komfortabler Opel Kapitän, und wer gar den Besitz eines 220 SE anstrebte, mußte sein Konto um fast 15 000 Mark erleichtern, wofür man damals in Wolfsburg drei VW Export haben konnte. Doch erhielt man fürs Geld eine ganze Menge Auto. Im Innenraum kam man sich auf den gewohnt straffen, dennoch sehr komfortablen Sesseln beinahe verloren vor angesichts der erstaunlich großzügigen Platzverhältnisse, und selbst wenn sich im Fond drei Personen die Sitzbank teilten, konnte sich niemand über eingeengte Bewegungsfreiheit beklagen. Es herrschte ein Raumgefühl, das man auch in teueren Limousinen heute kaum mehr findet. Die Fensterflächen waren ebenfalls angenehm üppig ausgefallen, machten den Innenraum hell und freundlich und gewährten beste Sicht nach allen Seiten, wobei selbst die Heckflossen noch die Funktion bekamen, beim Einparken das Ende der Karosse zu markieren. Was Heizung und Belüftung betraf, so konnte den Daimler-Benz-Ingenieuren ebenfalls gute Arbeit bestätigt werden, wobei auch an Kleinigkeiten, wie die Betätigung der kleinen vorderen Belüftungsfenster mittels eines Handrades, gedacht worden war. Um die Durchlüftung des Wageninneren zu beschleunigen, waren an den C-Säulen große, mit Chromblenden verzierte Schlitze angebracht, und selbst Unzulänglichkeiten, wie die Holzimitationen am Armaturenbrett, konnten damit erklärt werden, daß echtes Holz beim Aufprall splittern und die Passagieren verletzen könnte.

Keine befriedigende Erklärung gab es dagegen für das seltsame und schlecht ablesbare Säulentacho mit wechselnder Farbanzeige, das als reine pseudo-futuristische Spielerei nur schlecht zum gepflegten Erscheinungsbild des W 111 paßte.

Die drei Versionen des W 111 unterschieden sich rein äußerlich nur minimal voneinander. Doch verzichtete Daimler-Benz natürlich nicht darauf, die S- und SE-Modelle durch verstärkten Einsatz von Chromzierat kenntlich zu machen. Der brave 220er hatte demgemäß keinen Chromstreifen auf den Heckflossen, einen weniger an den vorderen Luftschlitzen, am Heck befand sich nur eine einfache Stoßstange, und an den Rädern sorgten schlichtere Radkappen für etwas Understatement.

Etwas deutlicher spürte man da schon den Unterschied

Mercedes-Benz 230 S 1965.

in den Fahrleistungen der drei 220er-Modelle, die sämtlich besser waren als bei den Vorgängertypen. Der 220 hatte die Maschine des alten 219 bekommen, die mit zwei Vergasern jetzt 95 PS produzierte und selbst diesen schwächsten 220er 160 km/h schnell machte, fast ebenso schnell wie den früheren 220 SE Ponton. Mit 110 PS war auch der 220 S etwas stärker als die alte Version, und der überarbeitete 120-PS-Einspritzmotor des neuen 220 SE machten diesen deutlich über 170 km/h schnell. Große Sorgfalt war auf die Abstimmung des Fahrwerks verwendet worden, so daß die Leistung der Wagen mühelos genutzt werden konnte und die Fahrt in einem der 220er ein hohes Maß an Komfort bot. Wie nicht anders zu erwarten, wurden die neuen Mercedes-Modelle mit Begeisterung aufgenommen, und schon bald zeigte sich, daß die Verkaufszahlen der alten Ponton-Modelle noch bei weitem übertroffen werden sollten. Nicht besonders glücklich wurde man allerdings mit der bis Herbst 1961 angebotenen automatischen Kupplung namens Hydrak, die sich vornehmlich durch deutlich spürbare Schaltvorgänge und ungünstige Abstufung auszeichnete. Es gab auch nicht viele Käufer, die für solch ein unzureichendes Extra 1400 Mark Aufpreis zu zahlen bereit waren.
Auf der IAA 1961 gab es wieder interessante Neuheiten auf dem Mercedes-Stand zu sehen: Die Heckflossen-Baureihe war nach oben und unten hin erweitert worden. Die alten Vierzylindermodelle 190 und 190 D wurden nun durch die Typen 190 c und 190 Dc mit dem neuen Kleid der W 111 ersetzt, wobei vor allem einfache, runde Scheinwerfer die Unterscheidung zu den Sechszylindern leichtmachten. Kaum merklich hatten die W-110-Modelle 5 cm weniger Radstand zu bieten, und auch was den Chromschmuck betraf, reduzierte sich dieser bei den neuen Vierzylindertypen auf ein erträgliches Minimum. Abstriche mußte man schließlich auch bei der vereinfachten und billigeren, aber immer noch erstaunlich gut verarbeiteten Innenausstattung der 190er machen, doch im übrigen boten die Wagen natürlich alle Annehmlichkeiten der teureren Schwestermodelle.
Die Maschine des 190 c war vom Vorgängermodell mit kleinen Modifikationen übernommen worden, leistete nach wie vor 80 PS und zeichnete sich durch kultivierten Lauf aus, fast zu vergleichen mit den Sechszylindern. Die 55-PS-Dieselmaschine im 190 Dc konnte naturgemäß keine Wunder an Temperament vollbringen, doch waren viele Fahrer von der gemütlichen Art der Fortbewegung im sparsamen und dauerhaften Diesel-Mercedes angetan. Als Taxi war der geräumige und komfortable Wagen das ideale Arbeitsgerät, was sich in den um fast 50 Prozent höheren Verkaufszahlen des 190 Dc im ersten vollen Produktionsjahr im Unterschied zum Vormodell niederschlug.
Am anderen Ende der Heckflossen-Skala wurde gleichzeitig mit den 190ern der neue 300 SE präsentiert, um den Käufern von Spitzenprodukten aus dem Hause Daimler-Benz den Abschied vom altehrwürdigen „Adenauer"-300 schmackhaft zu machen. Mit knapp über 23 000 Mark hielt der Wagen einen deutlichen Abstand zum 220 SE und dokumentierte dies auch nach außen hin mit einer leider schon nicht mehr als dezent zu bezeichnenden Fülle an Chromzierat, die von hochglänzenden Radausschnitten über einen dicken Streifen über die ganze Länge des Wagens bis zu zusätzlichen Chromstäbchen am Entlüftungsschlitz der C-Säule reichte. So

glitzerten am hinteren Kotflügel gleich drei Zierleisten übereinander und ließen einen frisch polierten 300 SE in der Sonne wie einen Brillanten funkeln, sicher zur Freude seiner repräsentationsbewußten Besitzer. Doch hatte der Wagen durchaus innere Werte zu bieten, von der aus edlen Materialien gefertigten Innenausstattung bis zum Dreiliter-Leichtmetallmotor mit obenliegender Nockenwelle und 160 PS Leistung, die den 300 SE 180 km/h (mit Schaltgetriebe) erreichen ließen. Ein Komfortmerkmal des Wagens war die aufwendige Luftfederung, deren Druck von einem von der Kurbelwelle mittels Riemen angetriebenen Kompressor aufgebaut wurde und dem 300 SE einen außergewöhnlichen Federungskomfort verlieh. Wer wollte, konnte den Wagen mit einer Klimaanlage ausrüsten lassen, und Kleinigkeiten der luxuriös liebevollen Ausstattung wie eine elektrische Antenne, die beim Einschalten des Radios ausfuhr, oder eine Innenbeleuchtung mit Verzögerungsautomatik fanden erst viel später Einzug im europäischen Automobilbau. Um auch nach dem Hinscheiden des antiken „Adenauer"-300 keine Kunden zu verlieren, erschien im März 1963 schließlich eine 300-SE-Version mit um 10 cm verlängertem Radstand, wonach die Fondpassagiere ähnlich großzügig wie im alten 300 untergebracht werden konnten. 1963 kam die Zweikreisbremsanlage des 300 SE dann auch in den kleineren Modellen zum Einbau, doch blieben vier Scheibenbremsen weiterhin nur dem Spitzenmodell vorbehalten, während die billigen Modelle hinten noch mit Trommeln zu bremsen hatten. Anfang Januar stieg die Leistung des 300 SE durch leichte Anhebung der Verdichtung und eine effektive Einspritzpumpe um 10 PS und machte das Viergangmodell mit auf Wunsch lieferbarer langer Übersetzung knapp 200 km/h schnell. 1965 kam es zu großen Veränderungen bei den W 110, 111 und 112. Die teueren 220-SE- und 300-SE-Modelle wurden nun durch die S-Klasse-Modelle 250 S/SE und 300 SE/SEL ersetzt, die eine wesentlich modernisierte, den bildschönen Coupé-Versionen angeglichene Karosserie mit niedriger Gürtellinie und nochmals vergrößerten Fensterflächen (ohne Heckflossen) erhielten. Die übrigen Modelle wurden durch die Typen 200, 200 D sowie 230 und 230 S ersetzt, wobei allein der 230 S die riesigen länglichen Scheinwerfer behalten durfte und nun auch der 230 als billigster Sechszylinder und Ersatz für den 220 die runden Scheinwerfer der Vierzylindermodelle tragen durfte. Was die Ausstattung betraf, so konnte auch der neue 230 S nicht mehr mit dem Standard des ehemaligen 220 S mithalten, doch hatte der 230 S die 120-PS-Maschine des 230 SL, allerdings mit zwei Vergasern bestückt. Der preiswerte 230 hatte anfangs nur magere 105 PS, doch ab Juli 1966 kam auch hier der 120-PS-Motor des 230 S zum Einsatz. Fortan unterschieden sich beide Modelle nur noch in der Ausstattung und im Preis natürlich; die Differenz betrug 2600 Mark. Der Typ 200 hatte gegenüber dem alten 190 Benziner 15 PS mehr Leistung bekommen und quittierte dies mit beachtlichem Durst. Den Unterschied zum 190er machten ansonsten Verbesserungen der Sitze, eine ansprechendere Heckverzierung und ein Lichtschalter an der Lenksäule aus, wonach der Fernlichtknopf am Boden wegfiel. Mit Ausnahme einer fünf- statt dreifach gelagerten Kurbelwelle war der Motor des neuen 200 D identisch mit dem des 190 D, der Wagen entsprach im übrigen dem Benziner. Man kann sagen, daß gerade die kleinen Benzinversionen ein sehr hohes Maß an Harmonie zwischen Leistung, Komfort und Geräumigkeit darstellten, und auch die naturgemäß recht behäbigen Dieselwagen, bei denen etwa eine halbe Minute verstrich, ehe die 100-km/h-Marke erreicht wurde, fanden eine große Zahl von Anhängern. Zwischen 1961, dem Beginn der

Heckflossen-Diesel-Produktion, und deren Produktionsende Anfang 1968 wurden mit fast 390 000 190 D/200 D beinahe doppelt so viele Diesel-Pkw verkauft als Benziner mit gleichem Hubraum.

Neben diesen in großer Zahl verbreiteten Limousinen gab es einige interessante Sonderversionen wie die Kombis des Karosseriewerkes Christian Miesen in Bonn und der Karosseriefabrik Binz & Co. in Lorch/Württemberg. Es wurden auch Krankenwagen von beiden Herstellern angeboten, wobei der Binz-Kombi sich durch ein höher gewölbtes Dach und runde Heckleuchten vom Miesen-Kombi unterschied. Diese beiden Kombiwagen, die nicht in den Daimler-Benz-Listen erschienen, hatten stets den gleichen Preis von 15 000 Mark für den 190 bis zu 16 000 Mark für den 200 D und gehören heute schon zu den Seltenheiten unter den Liebhaberwagen der sechziger Jahre. Einen weiteren Kombi, aber nur auf Basis der 220er-Typen, baute in Belgien der Karosseriebauer Jacques Coune. Eine Handvoll dieser Wagen wurden auch nach Deutschland verkauft.

Erst 1966 gab es einen Kombi auch im offiziellen Verkaufsprogramm von Daimler-Benz, den ebenfalls in Belgien bei der Firma IMA S.A. gebauten „Universal", der auf Basis der Typen 200, 200 D, 230 und 230 S gefertigt wurde und ebenso wie die Binz- und Miesen-Kombis über eine verstärkte Federung und größere 15-Zoll-Räder verfügte. Diese Universal kosteten zwischen 3750 Mark und 4600 Mark mehr als die Limousinen und konnten sogar mit teilbaren Rücksitzen und einer dritten Sitzbank, die die Passagiere zum Heckfenster hinausschauen ließ, ausgerüstet werden.

Nicht zuletzt die hohen Anschaffungskosten waren es, die für die meisten den Kauf eines Universal als unrentabel erscheinen ließen. Ein Kombiwagen wurde damals noch als prestigeloses Arbeitstier angesehen. Erst viel später bekam der große Kombi das Image des Freizeit- und Jagdgefährts und ließ Mercedes-Kombiwagen zu Verkaufsschlagern werden.

Noch seltener als die Heckflossen-Kombis sind schließlich die von Binz gefertigten Sieben- und Achtsitzer-Limousinen mit um 65 cm verlängertem Radstand und einer Gesamtlänge von beachtlichen 5,38 Meter, die für den Einsatz als Hotelzubringer oder Flughafentaxi gedacht waren. Es war das erste Mal, daß solche Fahrzeuge serienmäßig von Mercedes angeboten wurden; später folgten zahlreiche Versionen nach. Die Heckflossen-Langversionen blieben auf wenige Exemplare, meist mit dem für dieses Auto viel zu schwachen 55-PS-Dieselmotor ausgerüstet, beschränkt. Bis heute dürften nur sehr wenige Exemplare überlebt haben.

Die W 110, 111 und 112 zählen heute zu gefragten und erhaltenswerten Großserienfahrzeugen der 60er Jahre. Auf Grund ihrer Qualität sind von den zwischen 1959 und 1968 fast einer Million gebauten Fahrzeugen aller Typen noch zahlreiche, gut erhaltene Exemplare vorhanden; viele dieser Autos werden restauriert und mit großem Enthusiasmus wieder in gebrauchstüchtigen Zustand versetzt. Natürlich gilt das Hauptinteresse hierbei den luxuriösen Einspritzmodellen und den seltenen Sonderversionen, doch auch wer einen gepflegten 190er oder 200 D sein eigen nennt, besitzt einen nicht alltäglichen, aber durchaus alltagstauglichen Wagen, der durch seine Erscheinung und Ausstattung einen wohltuenden Kontrast zur heutigen Einheitsware darstellt.

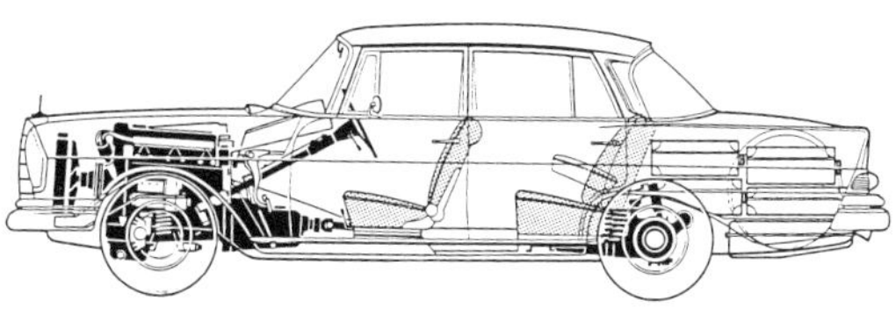

Personenwagen erlebten bei Mercedes-Benz zu allen Zeiten lange Produktionszeiträume. Schnelle Modellwechsel kennt man in Stuttgart nicht. Die ersten Pläne zum 1959 erschienenen Typ 220 wurden 1956 ausgearbeitet. In jeder Beziehung handelte es sich bei diesem Wagen um ein optimiertes Pontonmodell der 180er-Baureihe, innen wie außen verfeinert und der gehobenen Klasse entsprechend ausgestattet . . .

Verkaufskataloge aus den sechziger Jahren präsentierten sich in vornehm-schlichtem Weiß.

1959

Der neue Typ 220 verfügte über einen außergewöhnlich großen Kofferraum.
Unten: Der Innenraum erwies sich ebenfalls als deutlich geräumiger als beim Vormodell.

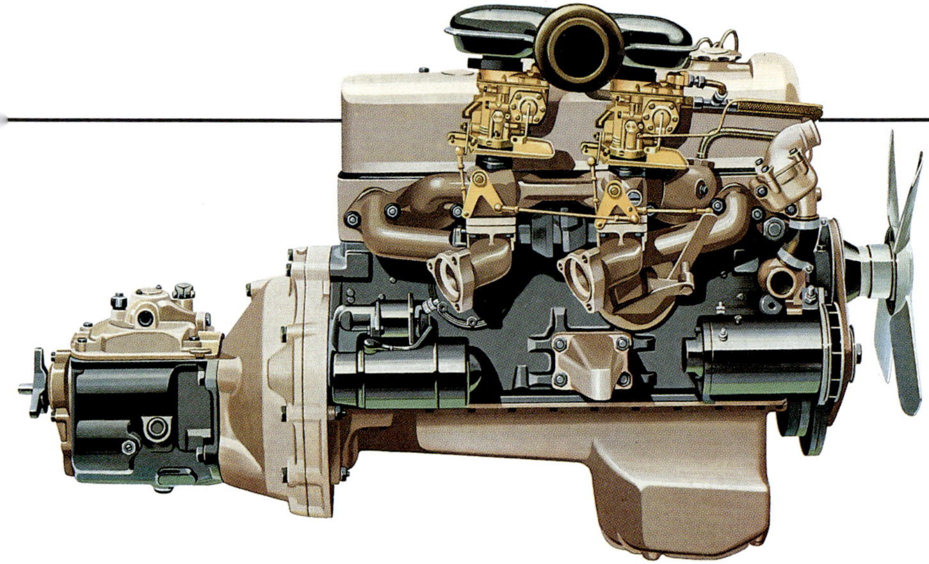

Die robuste 2,2-Liter-Maschine des Typs 220d leistete 95 PS bei 4800 U/min und erreichte ihr höchstes Drehmoment bei 3200 Touren.

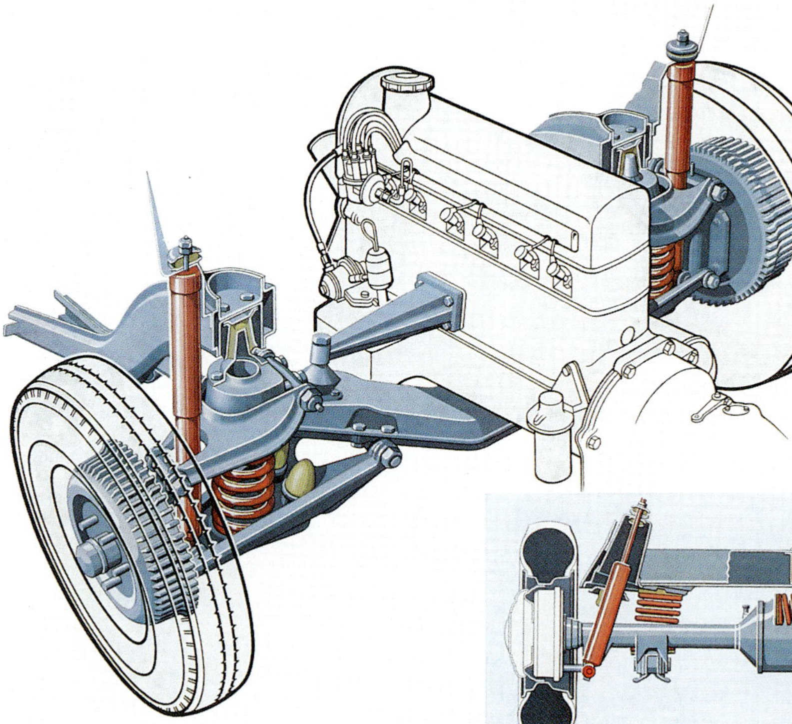

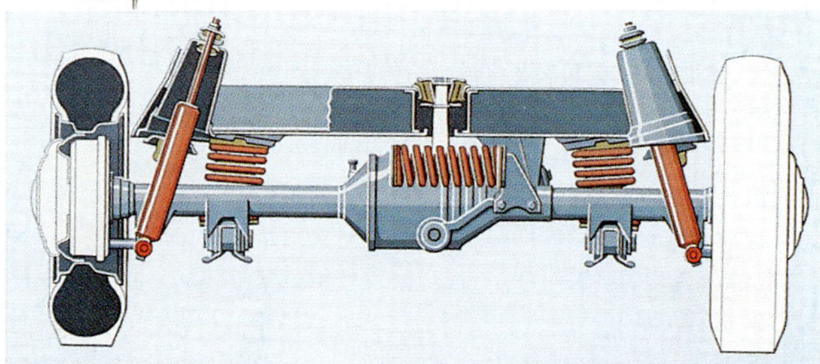

Ein Wagen für Leute, die es „geschafft" hatten: ein eigenes Häuschen und davor der nagelneue Mercedes 220; Idylle von 1959.

Sogar für das Einstiegsmodell gab es einen attraktiven und qualitätsvollen Koffersatz, der den verfügbaren Raum optimal ausnutzte. Rechts die technischen Daten zum 220.

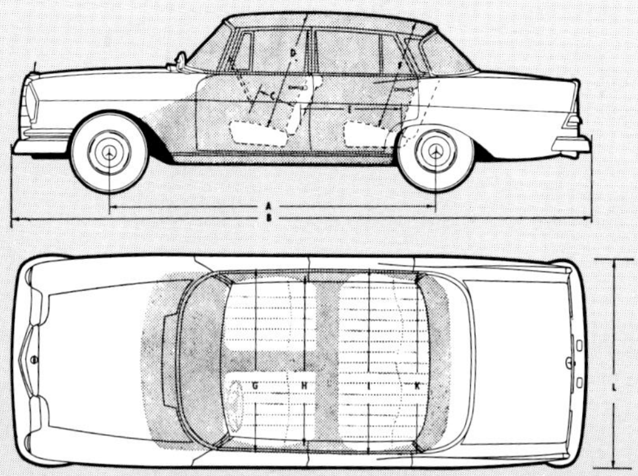

MERCEDES-BENZ

220

A	2750 mm
B	4875 mm
C	340 mm
D	960 mm
E	830 mm
F	890 mm
G	1510 mm
H	1390 mm
J	1540 mm
K	1350 mm
L	1795 mm

Technische Daten

Motor

Zahl der Zylinder	6
Bohrung/Hub	80/72,8 mm
Gesamthubraum effektiv	2195 ccm
Motorleistung nach SAE *	105 gr. HP/5000 U/min
Motorleistung nach DIN *	95 PS/4800 U/min
Höchstdrehzahl	6000 U/min
Verdichtung	8,7 : 1
Ölfüllung des Kurbelgehäuses max./min.	5,5/3,5 Liter

Fahrwerte

Höchstgeschwindigkeit	im 1. Gang	45 km/h
	im 2. Gang	75 km/h
	im 3. Gang	120 km/h
	im 4. Gang	ca. 155 km/h
Steigfähigkeit	im 1. Gang	55 %
	im 2. Gang	31,5 %
	im 3. Gang	18,5 %
	im 4. Gang	10,6 %

Kraftstoff

Fahrverbrauch bei durchschnittl. Überlandfahrten

mit mech. Kupplung	8,5–12 Liter/100 km
mit autom. Kupplung	8,8–12,5 Liter/100 km

Kraftstoffverbrauch nach DIN 70030 ** gemessen bei 110 km/h

mit mech. Kupplung	11,2 Liter/100 km
mit autom. Kupplung	11,4 Liter/100 km gemessen bei 110 km/h
Oktanzahl des Kraftstoffes	Die Werkseinstellung des Motors erfolgt mit handelsüblichem Super-Kraftstoff von OZ 92 – 93 nach der Research-Methode (ROZ)
Tankinhalt	52 Liter
Reserve	5 Liter

Fahrwerk

Wechselgetriebe	DB-Viergang-Schaltgetriebe, vollzwangssynchronisiert, Lenkradschaltung
Kupplung	Einscheiben-Trockenkupplung, auf Sonderwunsch automatische Kupplung
Reifengröße	6,70–13
Batterie	12 V, 56 Ah
Bremsanlage	Öldruckbremse mit Turbokühlung vorn, Bremsbacken mit exzentrischer Nachstellung
Lenkung	DB-Kugelumlauflenkung mit autom. Nachstellung und Lenkungsstoßdämpfer
Hinterachse	DB-Eingelenkpendelachse mit Ausgleichsfeder Hypoidverzahnung

Maße / Gewichte

Größte Länge	4875 mm
Größte Breite	1795 mm
Größte Höhe, unbelastet	ca. 1510 mm
Radstand	2750 mm
Spurweite vorn	1470 mm
Spurweite hinten	1485 mm
Wendekreisdurchmesser	ca. 11,4 m
Bodenfreiheit, Wagen mit 2 Personen besetzt	ca. 200 mm
Fahrzeuggewicht, fahrfertig mit Reserverad und Werkzeug	1310 kg
Zulässiges Gesamtgewicht	1760 kg
Nutzlast	450 kg

* Bei der Leistungsangabe in gross-horsepowers sind die Leistungen der zum Motorbetrieb nicht erforderlichen Nebenaggregate unberücksichtigt.

* Die angegebene Leistung in PS ist, da alle Nebenleistungen bereits abgezogen sind, an der Kupplung für den Antrieb des Wagens effektiv verfügbar.

** Ermittelt bei 3/4 der Höchstgeschwindigkeit, max. 110 km/h, zuzüglich 10 %.

Lt. VDA-Revers technische Angaben entsprechend DIN 70020 und DIN 70030.

Änderungen in Konstruktion und Ausstattung vorbehalten.

Mercedes-Benz 220 S/SE

Wie immer schon, fertigte Daimler-Benz auf der Grundform eines Modells verschiedene Ausstattungs- und Leistungsvarianten, und so gab es den neuen Heckflossen-Mercedes seit 1959 in drei Versionen. Ersetzte der 220d den alten 219, so gab es nun den 220 Sb als leistungsgesteigerte Limousine mit verbesserter Ausstattung.

Äußerlich unterschied sich der 220 S nur sehr geringfügig vom 220er, z. B. durch einen Chromstab auf den Heckflossen.

Lenkrad und Armaturenbrett waren erstmals aus Gründen der passiven Unfallsicherheit dick gepolstert. Die senkrechte Tachoskala wurde damals viel diskutiert.

Eine Klasse für sich

Der Wagen neuer Maßstäbe

Der neue Mercedes-Benz 220 S
setzt neue Maßstäbe — seine Neukonstruktion
repräsentiert den
lebendigen Fortschritt im Automobilbau.
Vier Anforderungen stellt der anspruchsvolle
Fahrer an einen Wagen dieser Klasse:
außerordentliche Fahrsicherheit, großen Fahr-
und Raumkomfort, hohe Fahrleistung bei guter
Wirtschaftlichkeit und — nicht zuletzt —
moderne Eleganz der Karosserie.
Schon die erste Fahrt mit dem 220 S
läßt Sie spüren, daß in ihm eine wunderbare
Harmonie von kraftvollem Temperament,
glänzender Straßenlage und ideal ausgewogener
Federung erreicht ist.
Ein klassischer Mercedes-Benz,
klar in der gestreckten Linienführung,
sauber im Stil, technisch von hoher Qualität
verkörpert der 220 S die Prinzipien, die der
ältesten Automobil-Fabrik der Welt
in ihrer mehr als 70-jährigen Geschichte
Weltgeltung verschafft haben:
modern aber nicht modisch zu sein,
technisch an der Spitze zu liegen und Wertarbeit
auch in den kleinsten Details zu leisten.
In diesem Wagen leben die jahrzehntelangen
Erfahrungen weiter, die nicht zuletzt
bei den härtesten Rennen gewonnen wurden.
Modern und wohlabgewogen – so ist der neue
Mercedes-Benz 220 S das Musterbeispiel
eines vornehmen, repräsentativen Reisewagens.

1

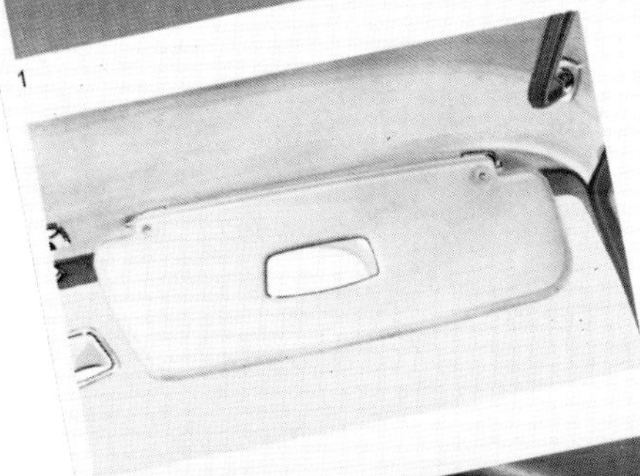

2

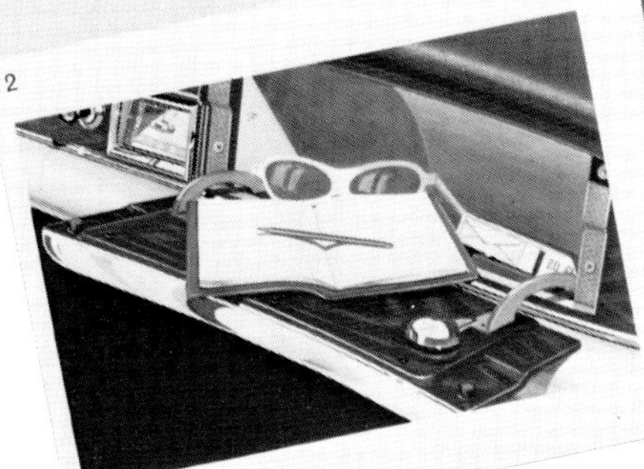

3

4

5

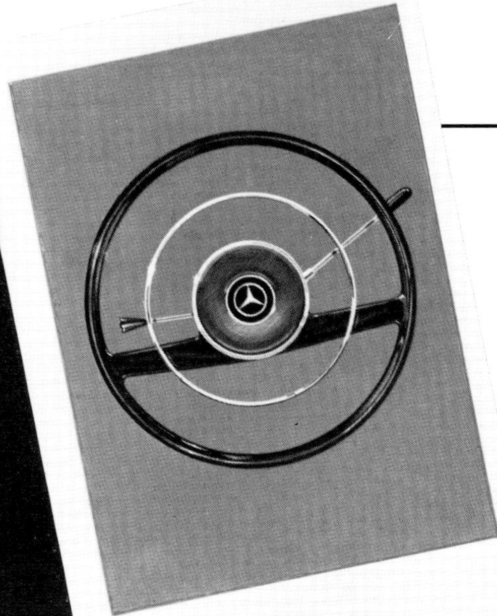

6

Alle Raumwünsche erfüllt

Auch das Heck des 220 S ist aus dem Streben nach Schönheit und Zweckmäßigkeit gestaltet. Die klare Form besticht. Mit den horizontalen Heckleuchten und der harmonisch den Wagen umschließenden, massiven Doppelstoßstange ist eine Lösung gefunden, die man als sinnvoll und glücklich schätzen lernt.

Sie erfahren es auch beim Rückwärtsfahren und Parken. Über die geraden, mit einer Chromleiste geschmackvoll verzierten Peilstege links und rechts, die Sie auch im Sicherheits-Rückblickspiegel durch die große Heckscheibe genau übersehen, können Sie den Wagen beim Zurücksetzen und Parken zentimetergenau einordnen. Im Heck des 220 S finden Sie einen ganz weit zu öffnenden Kofferraum mit optimaler Geräumigkeit. Freut man sich nicht unbeschwert auf eine Reise, wenn man Koffer packt, ohne sich zu fragen, ob man alles unterbringen kann? Am einfachsten und bequemsten, Sie beziehen den MB-Spezialkoffersatz, der den Kofferraum bis zum letzten Kubikzentimeter ausnutzt.

Um das Gepäck zu schonen, ist der Boden des Kofferraumes mit Gummi ausgeschlagen. Die Scharniere und Entlastungseinrichtungen des Kofferraumdeckels sind so angeordnet, daß sie mit den Koffern nicht in Berührung kommen und beim Verstauen der Gepäckstücke nicht behindern. Bei Dunkelheit fällt reichlich Licht durch die beiden Schlußleuchten in den Kofferraum. Reserverad, Werkzeug und Wagenheber sind an der rechten Seite so angebracht, daß man sie unabhängig vom Gepäck entnehmen kann.

Bitte schauen Sie die kleine Abbildung auf dieser Seite an. Ein großer Innenraum steht Ihnen und Ihren Fahrgästen zur Verfügung. Sie haben reichlich Bewegungsfreiheit und werden sich daher wohlfühlen.

Der Heckflossen-Mercedes war noch eines jener Automobile, in denen sich auch fünf Personen noch durchaus wohl fühlten.

Links: Unter den Ausstattungsdetails fiel vor allem das ungewöhnliche, senkrecht stehende Bandtacho auf, das sich nicht gerade durch gute Ablesbarkeit auszeichnete. Die anderen Dinge durften als vorbildlich gelten.

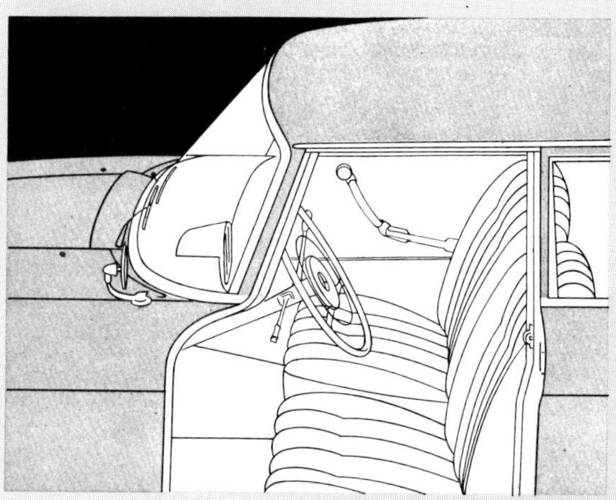

Die weit vorgezogene, gewölbte Vollsichtscheibe gewährt ausgezeichnete Sicht nach vorn, über beide Kotflügel nach den Seiten und dicht vor den Wagen.

Die beiden Seitensäulen der Windschutzscheibe wurden so konstruiert, daß sie in der Blickrichtung wohl schmal, die gute Sicht also nicht beeinträchtigen, dabei jedoch sehr steif sind.

Die Vollsichtscheibe wird durch zwei gegenläufige Wischer mit großer Überdeckung gereinigt. Sie haben die Möglichkeit, die Wischer in zwei Geschwindigkeiten laufen zu lassen.

Unmittelbar vor der Vollsichtscheibe liegt in einer relativ staub- und abgasfreien Zone der mit einem Chromziergitter versehene Lufteinlaß-Schlitz für die Heizungs- und Lüftungsanlage.

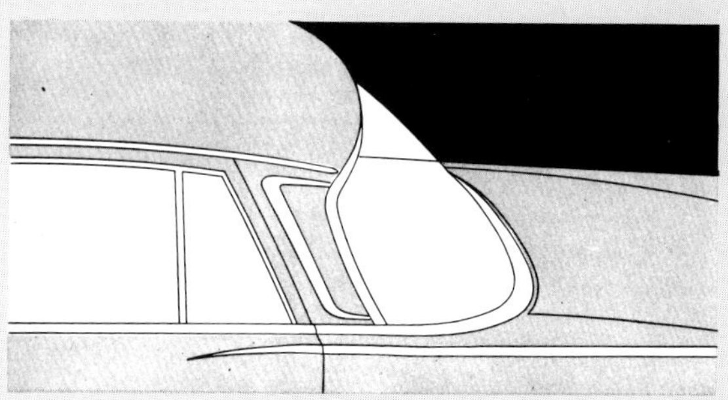

Die große, gewölbte Heckscheibe, vor ihr im Wagen eine große Ablagefläche, ist weit in die Wagenseiten und ins Dach hineingezogen. Sie gestattet umfassende Sicht nach hinten aber auch nachfolgenden Fahrern gute Durchsicht durch die Vollsichtscheibe nach vorne.

An der Dachsäule vor der Heckscheibe erkennen Sie den durch einen eleganten Chromschmuck verdeckten Luftaustritt der Heizungs- und Lüftungsanlage.

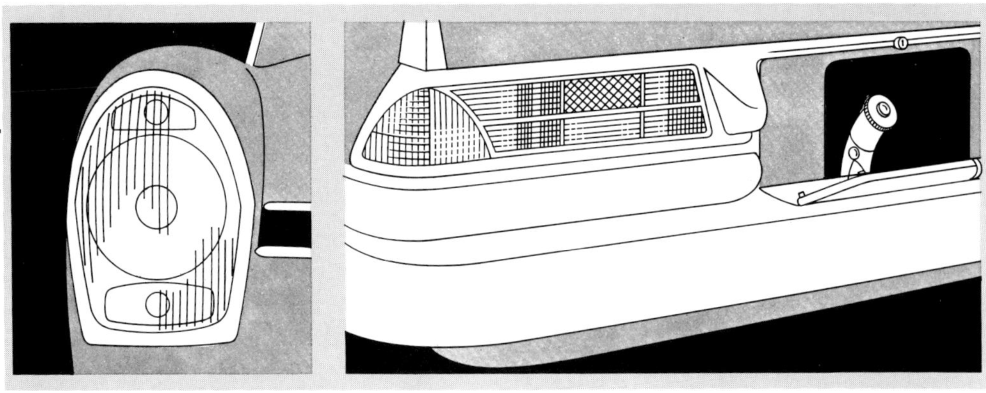

Oben: „Leuchteinheiten“ wurden die auffallenden Scheinwerfer genannt; der Tankstutzen lag hinter dem Nummernschild.

Rechts: Die schwere, selbsttragende Karosserie überzeugte durch gute Verarbeitung und weitgehende Verwindungsfreiheit.

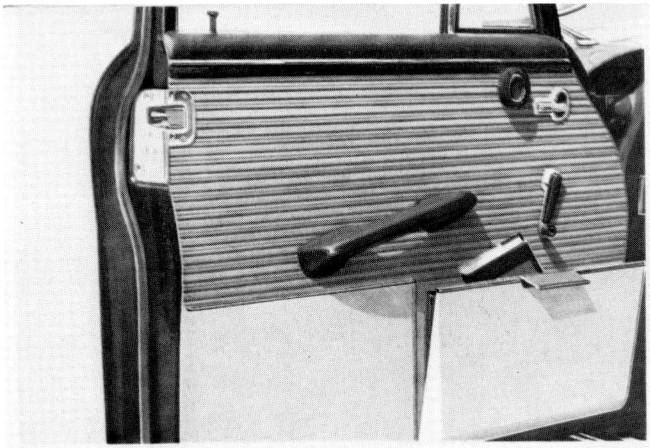

1

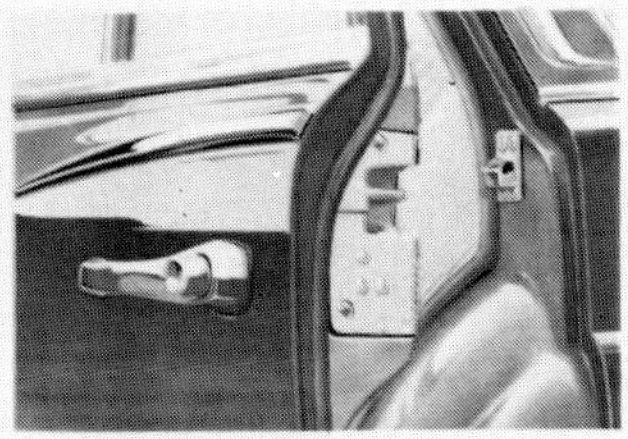

5

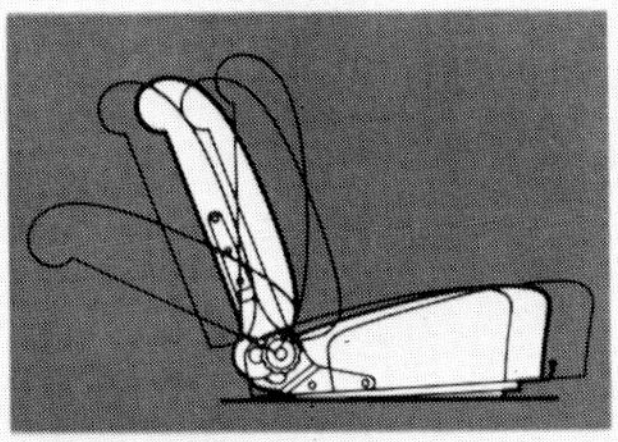

2

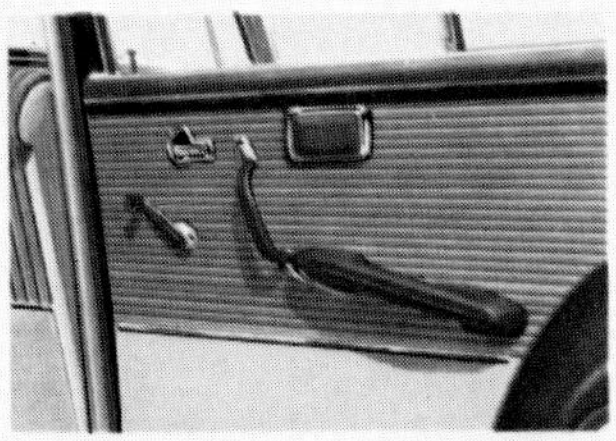

3

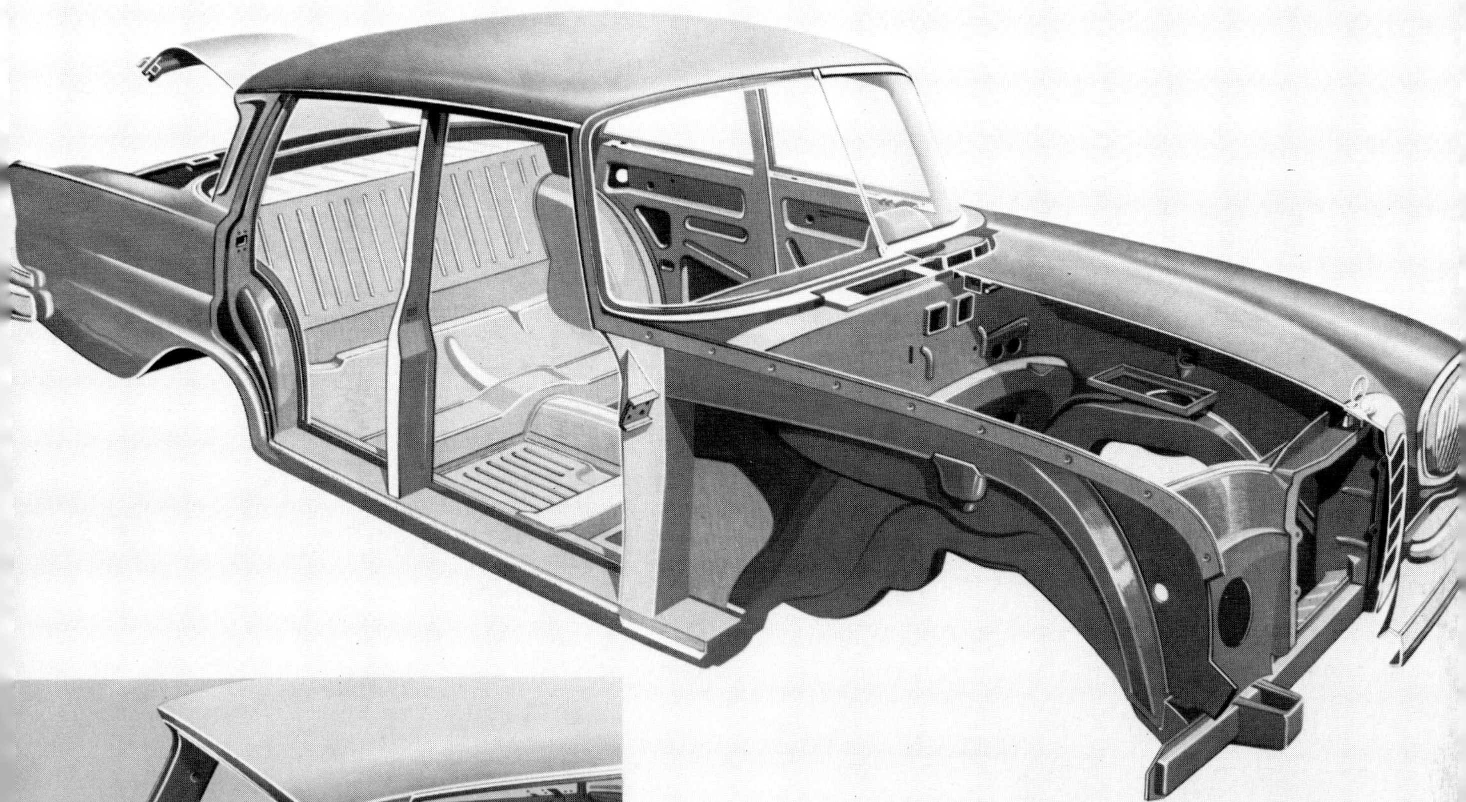

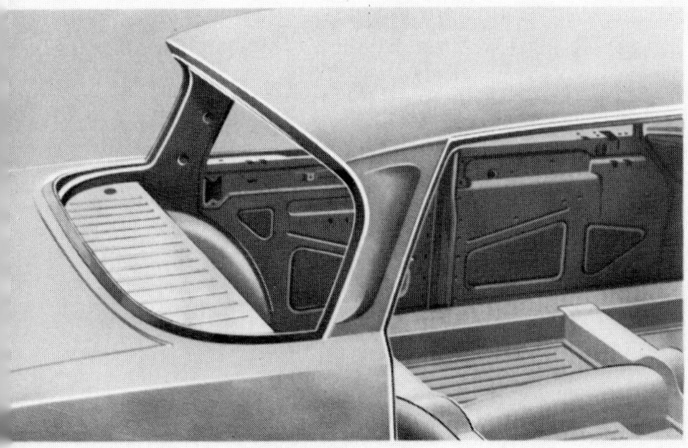

Die Linie der neuen Fahrzeugreihe vermittelte trotz der etwas gewagten Heckflossen die angestrebte Solidität und das Prestige, das in jener Wagenklasse eine bedeutende Rolle spielte.

Im Innenraum herrschte konservative Behaglichkeit vor, mit weichen Polsterstoffen und hochwertigen Verkleidungen; der Himmel war jedoch leider schon aus Kunststoff.

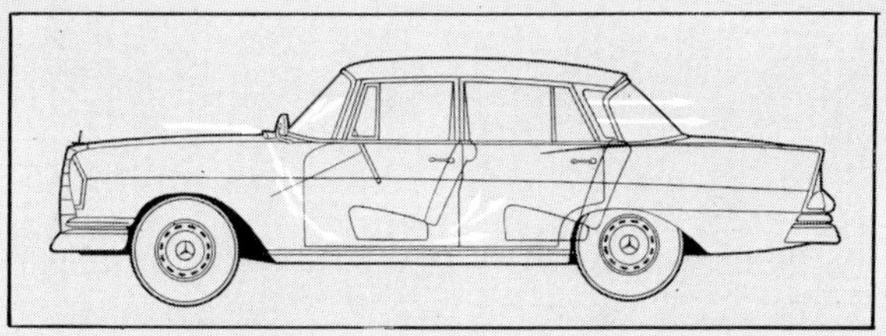

Hoher Komfort

Ungetrübte Freude am Raumkomfort genießt man unter den heutigen Verkehrsverhältnissen nur noch, wenn der Wagen gleichzeitig vernünftige Außenmaße hat; wie der 220 S/SE! Von innen nach außen gebaut, bietet er 5 Personen bequem Platz und angenehme Beinfreiheit. Der Innenraum dieses Wagens erfüllt auch verwöhnte Ansprüche.
Ausgezeichnete Rundumsicht, geschmackvoll mit Stoff und Plastik verkleidete Türen, dezenter Chromschmuck, erstklassig gepolsterte und mit hochwertigen Stoffen bezogene Sitze (vorn als Einzelsitze, hinten als breite Bank ausgeführt) – das alles zusammen ergibt eine selten behagliche Atmosphäre. Darüber hinaus werden Sie viele wohldurchdachte Einzelheiten entdecken, die das Bild eines hohen Komforts abrunden.
Und besonders auf längeren Fahrten werden Sie mit Genugtuung feststellen, wie viel mehr Genuß das Reisen bringt, wenn man so komfortabel und ermüdungsfrei fährt wie in einem Mercedes-Benz 220 S oder SE.
Vignette: Heizungs- und Lüftungsanlage: Lufteintritt vor der Windschutzscheibe, zusätzlich eingebaute Staubfilter; Leitung der Kalt- oder Warmluft durch Staudruck oder Zusatzgebläse in folgende Kanäle: in die Entfrostungsschlitze für Windschutzscheibe, in die Entfrosterdüsen für die vorderen Seitenscheiben, in den vorderen und hinteren Fußraum. Zugfreie Entlüftung durch vordere Ausstellscheiben; Abzug der Luft durch den Wagenhimmel aus perforiertem, abwaschbarem Kunststoff und anschließend durch die Entlüftungsschlitze in den hinteren Dachpfosten.

Einer der 1960er Prospekte zeigt Bilder aus dem Stylingbüro. Der Herr ganz rechts ist übrigens Paul Bracq, heute Design-Chef bei Peugeot.

Das Fundament grosser Sicherheit

Ihre Sicherheit im 220 S/SE beruht auf der grundsoliden Bauweise dieses Wagens, in der viele wertvolle Erkenntnisse aus sehr aufwendigen Unfallversuchen des Werkes verwirklicht sind. Da ist einmal.die starke Rahmenbodenanlage mit ihren kräftigen Längs- und Querträgern. In ihrem Vorderteil nimmt sie den Fahrschemel auf, in dem Vorderradaufhängung, Motor und vollzwangssynchronisiertes Vierganggetriebe montiert sind. Dieses sehr stabile Fundament wird zusätzlich noch mit der mittragenden Karosserie zu einer tragenden Einheit fest verschweißt. Der Fahrgastraum wird dadurch sehr formsteif, während Front- und Heckpartie so ausgeführt sind, daß sie bei einem eventuellen Aufprall die Stoßenergie durch Verformung absorbieren können. Um Geräusche und Schwingungen der Achsen und des Motor-Getriebe-Aggregates von der Karosserie fernzuhalten, werden an vielen Stellen Metall-Gummi-Elemente verwandt: Gummilagerung des Fahrschemels im Rahmen, Gummilagerung des Motor-Getriebe-Aggregates im Fahrschemel. Dasselbe gilt für die Aufhängelager der Hinterachse und der Gelenkwelle.
Das Ergebnis: weder Nebengeräusche noch Vibrationen im Innenraum.

Souverän auf jeder Strasse

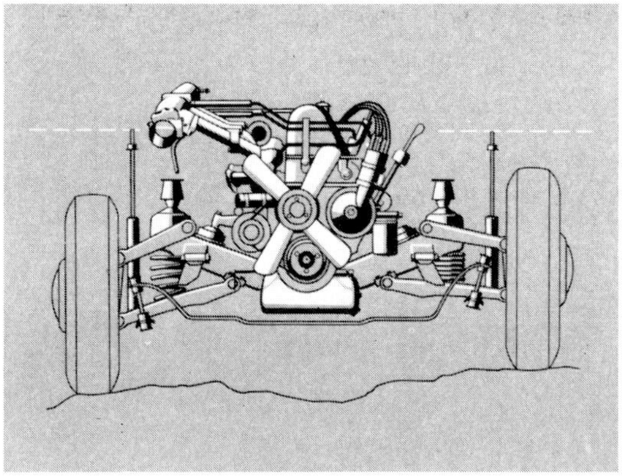

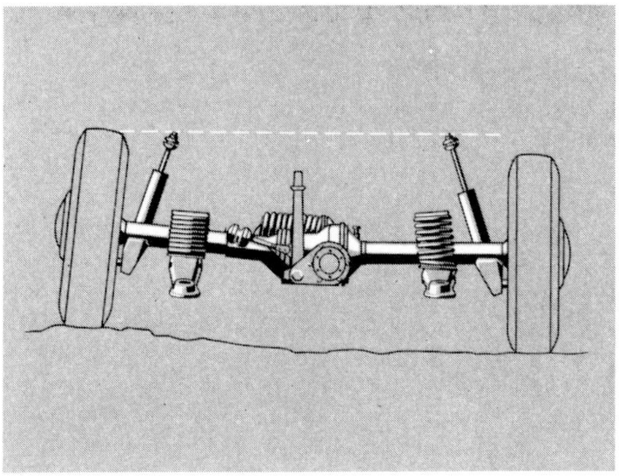

110 PS machten den 220 S an die 165 km/h schnell, und der 10 PS mehr leistende 220 SE erreichte sogar über 170 km/h, was für einen bequemen Reisewagen damals ein beeindruckender Wert war.

Lange Zeit galt im Automobilbau das Gesetz: gute Straßenlage – harte Federung oder aber weiche Federung und dafür weniger gute Straßenlage. Bei Daimler-Benz hat man sich nie mit diesen Alternativen abgefunden, sondern immer versucht, gute Straßenlage mit Federungskomfort zu verbinden. Im 220 S/SE finden Sie den Wagen, bei dem diese Kombination zu idealer Harmonie gereift ist. Maßgebend dafür ist die feine Abstimmung aller Federungselemente. Vorne (siehe oben): unabhängige Einzelradaufhängung, weit außen angreifende, in Gummi aufgehängte Stoßdämpfer, Schraubenfedern mit Gummianschlag, Drehstabstabilisator. Hinterachse (siehe oben): Mercedes-Benz charakteristische Eingelenkpendelachse mit tiefliegendem Drehpunkt und zusätzlicher Ausgleichsfeder in der Mitte. Besondere Erwähnung verdienen die hervorragenden Bremsen des Wagens: Zweikreis-Bremssystem mit Scheibenbremsen vorn. Mit dieser Bremsanlage läßt sich der Wagen auch aus hohen Geschwindigkeiten schnell und spursicher zum Stand bringen.
Wie souverän, ja ausgesprochen sportlich der 220 S/SE gefahren werden kann, hat sich sehr eindrucksvoll in vielen schweren internationalen Rallyes gezeigt.
Dabei sind Erfolge der letzten Jahre wie z. B. in der Rallye Monte Carlo, in der Rallye Algier Zentralafrika und im schwersten Straßenrennen der Welt für Serienwagen, dem Großen Straßenpreis von Argentinien nicht zuletzt auf die sichere Straßenhaltung dieses Wagens zurückzuführen, gleichgültig, ob es sich um winterliche Straßen, Haarnadelkurven im Gebirge oder Wüstensand handelt. Wo immer Sie Ihren 220 S/SE fahren, vor welche Probleme Sie der Verkehr auch stellen mag – am Steuer dieser Modelle wird Sie immer das Gefühl ruhiger Gelassenheit und der Sicherheit erfüllen.

Waren Mercedes-Benz mit den 220er-Modellen Autos gelungen, die unbestritten eine Spitzenstellung einnahmen, so wurde in das Flaggschiff 300 SE um so mehr noch alles hineingepackt, was damals an Spitzentechnologie zur Verfügung stand.

MERCEDES-BENZ

300 SE

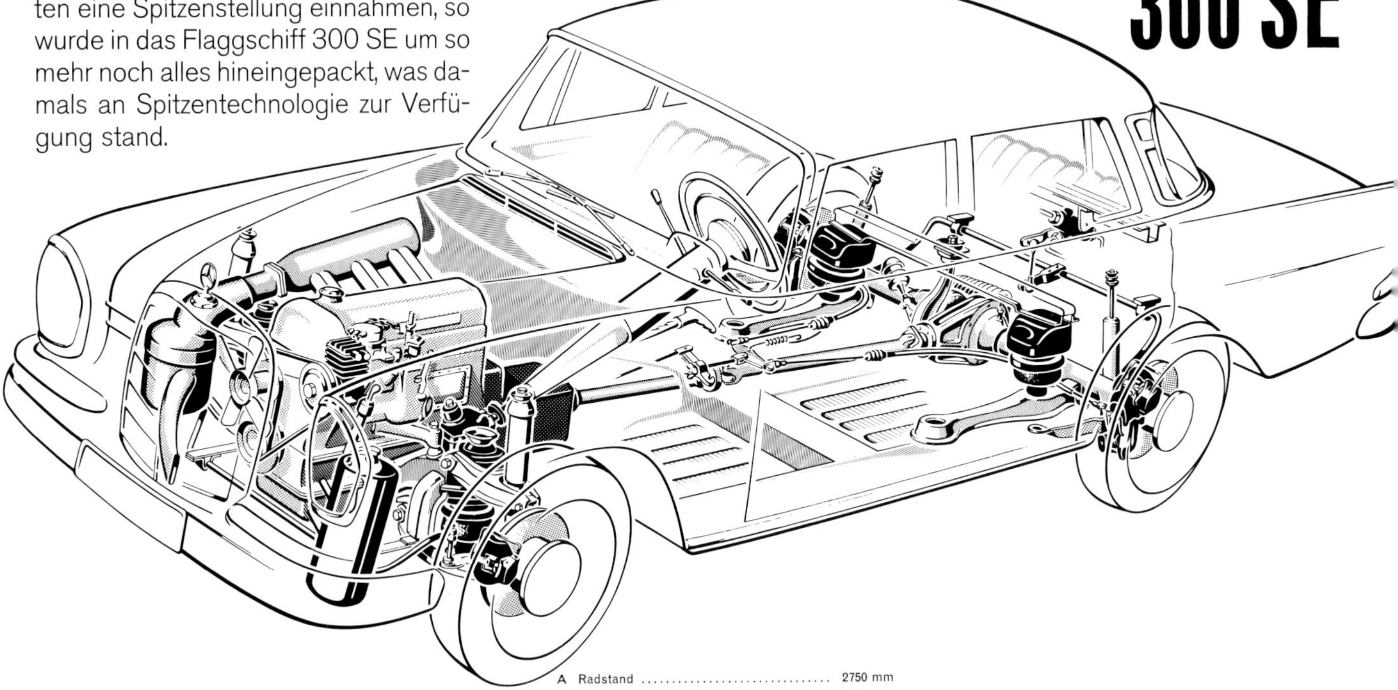

A	Radstand	2750 mm
B	Größte Länge	4875 mm
C	Größte Höhe ca.	1460 mm
D	Hinterkante Lenkrad bis Fahrersitz-Lehne	340 mm
E	Sitzhöhe (nicht eingesessen)	960 mm
	bei eingebautem Stahlschiebedach	920 mm
F	Hinterkante Fahrersitz-Lehne bis Vorderkante Fondlehne	830 mm
G	Sitzhöhe Fond (nicht eingesessen)	855 mm
H	Breite auf Mitte Polster gemessen	1510 mm
I	Breite in Fensterschlüsselhöhe gemessen	1390 mm
K	Breite auf Mitte Polster gemessen	1540 mm
L	Breite in Fensterschlüsselhöhe gemessen	1400 mm
M	Größte Breite	1795 mm
	Spurweite vorn	1482 mm
	Spurweite hinten	1490 mm
	Nutzbarer Kofferraum mit einem Reserverad	0,64 m³
	Bodenfreiheit ca.	183 mm
	Wendekreisdurchmesser	11,7 m

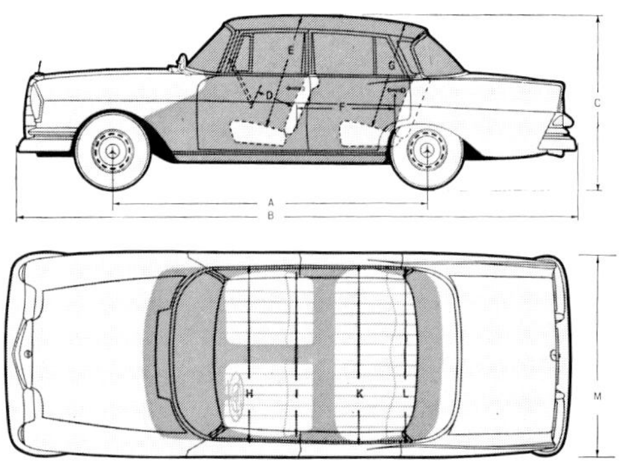

Unter der Karosserie beherbergte der im wesentlichen mit den 220er-Modellen baugleiche 300 SE den Dreilitermotor des „Adenauer"-300.

Genügte den 220ern noch ein bescheidenes Einfamilienheim, so mußte im umfangreichen 300-SE-Katalog schon ein luxuriöses Landhaus als Hintergrund dienen.

Typ 190/190 D

190: Viertürige Limousine, 4-Zylinder-Benzinmotor, 80 PS bei 5000 U/min., Höchstgeschwindigkeit ca. 145 km/Std.
190 D: Wirtschaftlicher, robuster 4-Zylinder-Dieselmotor, 55 PS bei 4200 U/min., Höchstgeschwindigkeit 125 km/Std. Beide Wagen mit Zweikreis-Servobremssystem und Scheibenbremsen vorn. Auf Sonderwunsch: DB-automatisches Getriebe, Stahlschiebedach.
Preis ab Werk:
190 10 600,— DM; 190 D 11 100,— DM

Typ 220

Viertürige Limousine mit 6-Zylinder-Benzinmotor, 95 PS bei 4800 U/min., Höchstgeschwindigkeit ca. 155 km/Std. Zweikreis-Servobremssystem mit Scheibenbremsen vorn. Auf Sonderwunsch: DB-automatisches Getriebe, DB-Servolenkung, Stahlschiebedach.
Preis ab Werk: 220 12 160,— DM

Links: Blick in eine Montagehalle in Untertürkheim mit fast fertigen Heckflossen-Modellen.

Oben: 1961, als die Modelle 300 und 190 erschienen, wurde dieser Sammelprospekt mit allen zu diesem Zeitpunkt lieferbaren Heckflossenmodellen verteilt.

Den 300 SE gab es auch in einer Langversion, um den Wagen den Raumverhältnissen im nicht mehr gebauten alten 300 anzugleichen.

Typ 220 S und 220 SE

220 S: Viertürige Limousine, 6-Zylinder-Benzinmotor, 110 PS bei 5000 U/min., Höchstgeschwindigkeit ca. 165 km/Std.
220 SE: 6-Zylinder-Einspritzmotor, 120 PS bei 4800 U/min., Höchstgeschwindigkeit ca. 170 km/Std.
Beide Typen mit Zweikreis-Servobremssystem und Scheibenbremsen vorn. Auf Sonderwunsch mit DB-automatischem Getriebe, DB-Servolenkung, Stahlschiebedach.
Preis ab Werk:
220 S 13 750,— DM; 220 SE 15 450,— DM

Typ 300 SE und 300 SE lang

Viertürige Limousine, 6-Zylinder-Einspritzmotor aus Leichtmetall, 160 PS bei 5000 U/min., Höchstgeschwindigkeit ca. 180 km/Std. Ausgestattet mit: Luftfederung, Servolenkung, Zweikreis-Servobremssystem und Scheibenbremsen an allen 4 Rädern, mit Bremsmomentabstützung, Sperrdifferential.
Auf Wunsch mit DB-automatischem Getriebe oder Handschaltgetriebe.
300 SE lang mit besonders geräumigem Fond.
Preis ab Werk:

300 SE mit mech. Getriebe	**23 100,— DM**
300 SE mit autom. Getriebe	**24 500,— DM**
300 SE lang mit mech. Getriebe	**26 400,— DM**
300 SE lang mit autom. Getriebe	**27 800,— DM**

Mercedes-Benz 300 SE lang

Ein großer repräsentativer Reisewagen

Dieser Typ 300 SE lang, hier in einem damaligen Sonderprospekt dargestellt, kostete über 26 000 Mark.

Der vergrößerte Radstand kommt ganz dem Fondraum zugute.

Die wichtigsten technischen Daten des 300 SE lang

Motorleistung nach SAE 185 gr. HP/5200 U/min
Motorleistung nach DIN 160 PS/5000 U/min
Höchstgeschwindigkeit ca. 180–185 km/h
Tankinhalt 82 Ltr.
Getriebe: DB-Viergangschaltgetriebe, vollzwangssynchronisiert oder DB-automatisches Getriebe mit hydraulischer Kupplung
Bremsanlage: Servo-Öldruck-Scheibenbremsen an allen 4 Rädern, mit ATE Bremsgerät 50/26
Lenkung: DB-Servo-Lenkung mit automatischer Nachstellung und Lenkungsstoßdämpfer
Hinterachse: Eingelenkpendelachse mit tiefgelegtem Drehpunkt, Sperrdifferential
Federung: Luftfederung, Teleskopstoßdämpfer, sowie Drehstabstabilisator vorn und hinten
Radstand 2850 mm
Größte Länge 4975 mm
Größte Höhe (konstant) 1460 mm
Hinterkante Fahrersitz-Lehne bis Vorderkante Fondlehne 930 mm

Weitere Einzelheiten über Technik und Ausstattung entnehmen Sie bitte den Druckschriften über den Typ 300 SE.

Änderungen in Konstruktion und Ausstattung vorbehalten.

Daimler-Benz AG Stuttgart-Untertuerkheim

P 1107 363 Printed in Germany

Auffallendstes Erkennungszeichen der neuen Vierzylinderwagen waren die runden Scheinwerfer.

Neuer alter Vierzylinder: Mercedes-Benz 190

Auf der IAA in Frankfurt 1961 debütierte nicht nur der 300 SE als neues Spitzenmodell, auch nach unten wurde die Modellreihe erweitert, um weniger betuchten Kunden den Einstieg in den Kreis der Mercedes-Fahrer zu ermöglichen. Die neuen Vierzylindermodelle 190 und 190 D hatten eine deutlich schlichtere Ausstattung, was sich im Bezug auf den sonst fast schon zu üppigen Chromschmuck sogar optisch günstig auswirkte.

Im Innenraum herrschten trotz 5 cm geringeren Radstandes die gleichen großzügigen Platzverhältnisse wie in den deutlich teureren Sechszylinderwagen.

Die Motoren: ausgereift und bewährt

Wie zu Beginn schon erwähnt, unterscheiden sich 190 und 190 D in ihren Motoren. Eines haben jedoch beide gemeinsam. Es ist ihre moderne, technisch ausgereifte Konstruktion – kurzer Hub, obenliegende Nockenwelle –, die sich in den bisherigen Modellen unter allen Bedingungen bereits vieltausendfach bewährt hat.

Der Typ 190 besitzt einen drehzahlfesten und elastischen 80-PS-Benzinmotor, dessen Kraftreserven Ihnen eine ausgesprochen temperamentvolle Fahrweise erlauben. Das gilt insbesondere für das Hochbeschleunigen aus dem Stand, für Überholmanöver und nicht zuletzt für hohe Reisedurchschnitte auf langen Fahrten. Die Spitzengeschwindigkeit von 145 km/h kann auch auf längeren Strecken bedenkenlos gehalten werden.

Der 190 D ist mit dem in aller Welt bewunderten Dieselmotor ausgerüstet, dessen Leistung jetzt auf 55 PS erhöht wurde. Was ihn besonders auszeichnet, sind sein niedriger Kraftstoffverbrauch, seine Anspruchslosigkeit und die lange Lebensdauer. Darüber hinaus entwickelt er beim Beschleunigen, wie am Berg oder auf der Autobahn Fahrleistungen, die man noch vor wenigen Jahren bei einem Diesel für unmöglich gehalten hätte.

Nur geringe Modifikationen hatten die bewährten Vierzylindermotoren erfahren; der Benziner leistete nach wie vor ausreichende 80 PS.

Rechts: Auch die verhältnismäßig schlichte 190er-Karosserie ohne protzige „Leuchteinheiten“ und allzuviel Chromzierat hat gewiß ihre Reize.

S-ML 554

Während die meisten Mitbewerber es nicht lassen konnten, ihre Produkte in den Werbekatalogen positiv zu verzerren oder anderweitig zu verfälschen, gefallen diese Bilder durch sachlich-ästhetische Schlichtheit.

S-SV 111

Mercedes-Benz 200

1965 begann man das letzte Kapitel in der Entwicklungsgeschichte der Heckflossenmodelle zu schreiben, als die 220 SE und 300 SE durch völlig neue Wagen ersetzt wurden und die übrigen Wagen gründlich überarbeitete Nachfolgemodelle mit neuen Typenbezeichnungen bekamen.

Nachfolger des alten 190ers wurde der Typ 200 mit zwei Liter Hubraum und höherer Verdichtung, was zu 15 PS Leistungszuwachs und ansehnlichem Benzindurst führte . . .

1965

Im 200er waren die Sitze verbessert worden, auch gab es eine Reihe neuer Polsterbezüge.

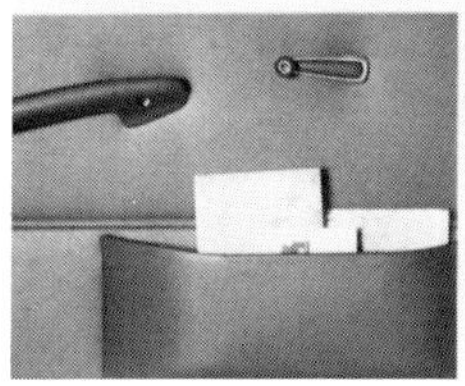

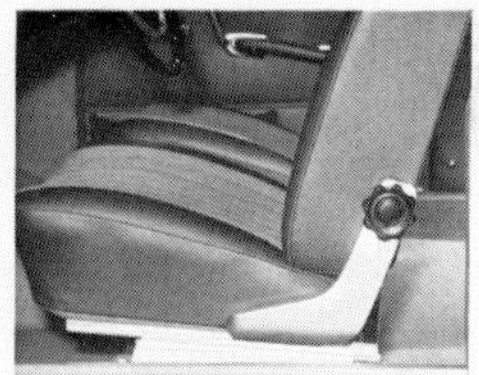

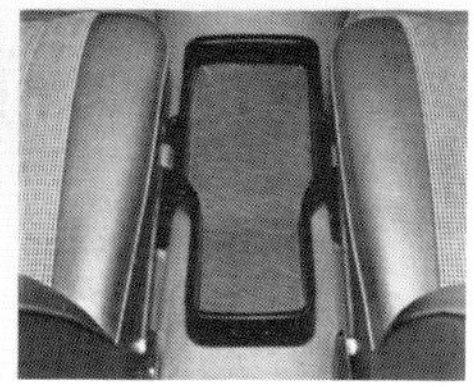

Es gab keinen Fuß-abblendknopf mehr am Boden, das Licht wurde jetzt mit einem Schalter an der Lenksäule betätigt.

1965

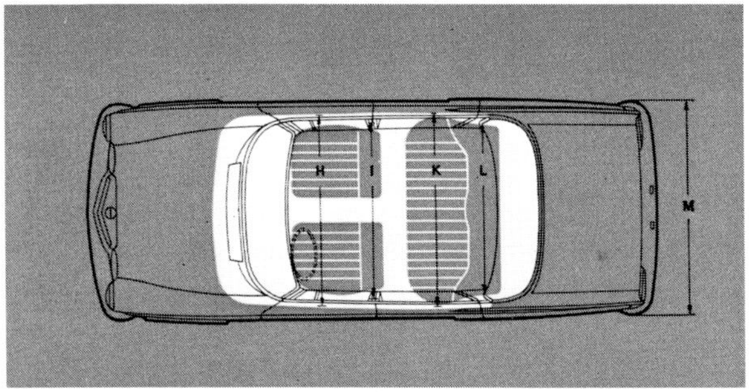

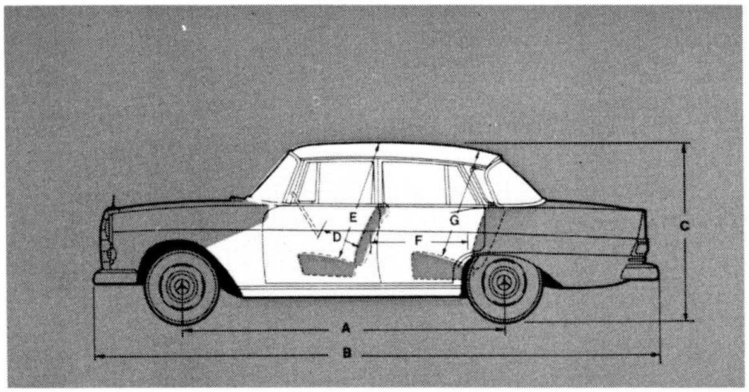

Oben: Da die Karosserie mit der des Vorgängermodells identisch war, genossen die Passagiere weiterhin reichlich Platz.

Rechts: Waren die Heckflossenmodelle von Anfang an qualitätsvolle Autos gewesen, so profitierten die neuen Modelle noch mehr von den langjährigen Erfahrungen mit dieser Baureihe.

Sicher

Sicherheit ist das erste Erfordernis
im Straßenverkehr.
Diese Sicherheit
haben wir uns zur Aufgabe gemacht.
Unsere Konstrukteure
entwerfen für Sie,
unsere Wissenschaftler
forschen für Sie
unsere Versuchsingenieure
prüfen zu Ihrem Schutz.
Die Mercedes-Benz-Fahrzeuge
sind das Ergebnis.

Wir machen sie sicher durch:

Straßenlage
Eingelenk-Pendelachse
mit tiefliegendem Drehpunkt,
Trennung von Radführung und Radfederung
zur sicheren Spurhaltung
und exakten Radführung.

Bremsen
Zweikreis-Brems-System
mit Servounterstützung,
Scheibenbremsen an den Vorderrädern.

Lenkung
Leichtgängige Kugelumlauflenkung
mit automatischer Nachstellung.

Federung
Abgestimmt durch Kombination
der verschiedenen Federelemente
wie Schraubenfedern, Torsionsstäbe
und Ausgleichfeder.

Rahmenbodenanlage
Feste Verschweißung der Karosserie
mit der Rahmenbodenanlage
erzielt einen steifen Wagenaufbau.
Stoßaufnehmende Bug- und Heckpartie.

Fahrgastraum
Verwindungssteif, gestaltfest,
stabile Windschutzsäulen und Dachpfosten.

Rundumsicht
Optimale Sicht nach allen Seiten,
Vollsicht-Verglasung aus Sicherheitsglas.

Türen
Leichtschließend,
Sicherheitszapfenschlösser,
versenkte Türöffner.

Lenkrad
Griffig, mit großflächiger
Sicherheitspolsterplatte.

Sitze
Stoßfest verankert,
ausgeformt für seitlichen Sitzhalt.

Zuverlässig

Zuverlässigkeit ist eine Notwendigkeit
unserer Zeit.
Wir bieten Ihnen
unsere Erfahrung im Automobilbau,
wir bieten Ihnen
funktionssichere Konstruktionen.
Für Sie bewiesen
durch harte Erprobung
und Rallye-Siege in aller Welt.
Diese Erfahrungen haben wir
in jedem Mercedes-Benz eingebaut:
auch in Ihren.

Wir machen ihn zuverlässig durch:

Zukunftssichere Konstruktionsprinzipien
Verwendung von ausgewähltem Material
Versuchs-Erprobung
Funktionsentsprechende Fertigung
Produktions-Kontrollen*
Montage-Kontrollen*
Abnahme-Kontrolle*

* 15 % aller Mitarbeiter unserer
PKW-Produktion sind Kontrolleure.

Wir prüfen unter härtesten Bedingungen:

im Klimaraum
Prüfungen bei 60 ° Hitze
und tropischer Luftfeuchtigkeit.
Kaltstart bei Temperaturen weit unter 0 °.

im Versuch
Feststellen des Fahrverhaltens
bei Schleuder- und Wedeltests.

durch Seitenwindmaschine
Feststellen der Seitendrift
bei Seitenwindgeschwindigkeiten
von über 100 km/h.

durch Versuchsfahrten
auf speziellen Teststrecken
unter extremen klimatischen Bedingungen,
über Pässe, Sand- und Eiswüsten.

im Sport
durch Beteiligung
an internationalen Straßenrennen
und Rallyes.
Die Siege beweisen die Richtigkeit
der Daimler-Benz-Konstruktionsprinzipien.

Bequem

Bequemes Fahren genügt uns nicht.
Wir ermöglichen Ihnen
ermüdungsfreies Fahren.
Wir erhalten Ihnen Ihre Reaktionsfähigkeit.
Wir haben für Sie eine
körpergerechte Sitzposition geschaffen.
Wir haben für Sie Sitz- und
Fahrzeugfederung auf Geschwindigkeit
und Straßenverhältnisse abgestimmt.
Nehmen Sie Platz in einem Mercedes-Benz
und Sie fühlen, was wir meinen:
ermüdungsfreie Behaglichkeit.

Schnell

Schnelligkeit ist eine Forderung,
die die Zeit und Sie an uns stellen.
Wir wissen das
und bauen für Sie
Fahrzeuge
mit schnellem Anzugsvermögen,
Fahrzeuge
mit hoher Dauergeschwindigkeit
und einer verläßlichen Überholreserve.
Fahren Sie einen Mercedes-Benz
und lassen Sie sich
durch Tatsachen überzeugen.

Wertbeständig

Wertbeständig
ist ein Anspruch,
den Sie an uns stellen.
Für Anspruchsvolle
ist der Mercedes-Benz
gebaut.
Betrachten Sie ihn genau,
von unten, von oben,
von innen, von außen,
von allen Seiten,
und Sie werden feststellen,
daß wir Ihre Ansprüche erfüllen.

Wir machen ihn bequem durch:

Sitze
Körpergerecht geformt,
Vordersitze in Längsrichtung
und Lehnenneigung verstellbar.
Wahlweise: Sitzbank mit fester Lehne.

Sitzfederung
Auf Fahrzeugfederung
und Sitzposition abgestimmt.
Sitzfederkern mit Taillenfedern.

Bezüge
Luftdurchlässig in ansprechenden Farben.

Bodenbelag
Farbig unterschäumter Gummi
zur Schall- und Wärme-Isolation.

Heizung und Lüftung
Staub- und zugfreier Dauerluftstrom
mit zusätzlichem Gebläse
für Windschutzscheibe,
vorderen Fußraum und Fondfußraum.
Luftmenge und Luftverteilung
stufenlos regulierbar nach oben und unten.
Getrennte Beheizung für rechts und links.
Düsen für Seitenscheiben-Entfrostung.

Haltegriffe
am Dachrahmen, vom Beifahrersitz
und den Fondsitzen bequem erreichbar.

Ablagen
Schale zwischen den Vordersitzen,
Handschuhkasten,
Taschen an den Vordertüren,
rutschfeste Hutablage.

Kofferraum
Beleuchtet, großräumig
Fassungsvermögen: 0,64 m³.

Scheibenwaschanlage
Mit Fußbetätigung und Wischerkontakt.

Kraftstoffbehälter
65 Liter, davon 8 l Reserve.

Elastischer Vierzylinder
2 Liter Hubraum
5fach gelagerte Kurbelwelle,
obenliegende Nockenwelle,
95 PS (DIN) bei 5200 U/min.
105 gr. HP (SAE) bei 5400 U/min.
Höchstgeschwindigkeit ca. 160 km/h.

Karosserieform
Form und Maße auf Mensch
und Fahrverhalten abgestimmt.
Großer Innenraum,
geräumiger Kofferraum.
Niedriges Geräuschniveau
auch bei hohen Geschwindigkeiten.

Getriebe
4 Vorwärtsgänge,
1 Rückwärtsgang,
vollzwangssynchronisiert,
gut abgestuft,
Lenkrad- oder Mittelschaltung.

Richtungsstabil
Gute Straßenlage,
genaue Radführung,
leichtgängige, exakte Kugelumlauflenkung;
sicheres Fahrverhalten
auch bei plötzlich notwendigem Ausweichen.

Wir machen ihn wertbeständig durch:

Zukunftssichere Entwicklung
keine modischen Effekte
hochwertiges Material
gewissenhafte Fertigung
sorgfältige Prüfungen
Funktionskontrollen im planmäßigen
Kundendienst*

* 3700 Kundendienst-Stationen
in 156 Ländern der Erde.

Kundendienste
Abschmierdienste
Ölwechsel
Wagenpflege
Schnelle Annahme,
individuelle Beratung und Bedienung
durch erfahrene Fachleute.

Der Typ 200 war ein äußerst harmonisches und überaus wertbeständiges Automobil. Es verwundert nicht, daß zahlreiche Exemplare noch heute gefahren werden.

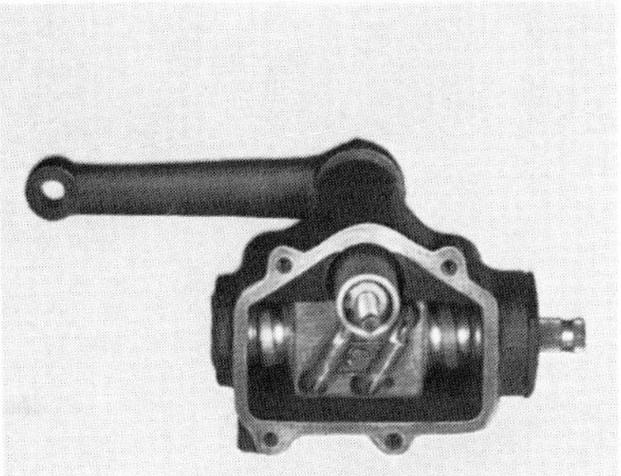

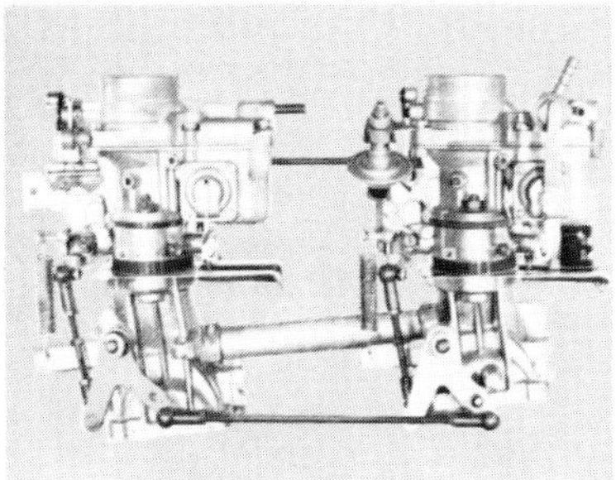

Mercedes-Benz 200 D

Hatte man bei Mercedes mit dem Verkauf der Benzinversion des 200 schon keinerlei Probleme, so war die Dieselvariante noch erfolgreicher. Zwar war die Verwandlung vom 190 D zum 200 D leistungsmäßig ohne Zugewinn vonstatten gegangen, doch schreckte gerade diese Tatsache kaum einen Interessenten ab, denn was die PS betraf, so waren Dieselfahrer noch nie verwöhnt worden, wußten aber andere Vorteile dieser Art der Fortbewegung zu schätzen.

Links: Die Mercedes-Benz-Motoren waren robuste und sehr langlebige Maschinen. Sie gaben nur selten Anlaß zu Kritik.

Auch ins Ausland verkauften sich die Mittelklassemodelle von Mercedes nicht schlecht, obwohl hohe Zölle und Steuern dort die Preise oft in schwindelnde Höhen trieben.

Auch die billigsten Modelle in der Palette von Daimler-Benz hoben sich durch ihr repräsentatives Erscheinungsbild deutlich und unverwechselbar von ihren Konkurrenten ab. Diese Doppelseite in Farbe erschien in einem 1965er Prospekt.

1965

Zuverlässig

Zuverlässigkeit
ist eine Notwendigkeit
unserer Zeit.
Wir bieten Ihnen unsere Erfahrung
im Automobilbau,
wir bieten Ihnen
funktionssichere Konstruktionen,
wir bieten Ihnen
Dauerhaftigkeit und Stabilität.
Für Sie bewiesen
durch harte Erprobung
und Rallye-Siege in aller Welt.
Diese Erfahrungen haben wir
in jeden Mercedes-Benz eingebaut;
auch in Ihren.

Wir machten ihn zuverlässig durch:

Zukunftsichere Konstruktionsprinzipien
Verwendung von ausgewähltem Material
Versuchs-Erprobung
Funktionsentsprechende Fertigung
Produktions-Kontrollen*
Montage-Kontrollen*
Abnahme-Kontrolle*

* 15% aller Mitarbeiter unserer PKW-Produktion sind Kontrolleure.

Wir prüfen unter härtesten Bedingungen:

im Klimaraum
Prüfungen bei 60° Hitze und
100% Luftfeuchtigkeit.
Kaltstart bei Temperaturen weit unter 0°.

im Versuch
Feststellen des Fahrverhaltens bei
Schleuder- und Wedeltests.

durch Seitenwindmaschine
Feststellen der Seitendrift
bei Seitenwindgeschwindigkeiten
von über 100 km/h.

durch Versuchsfahrten
auf speziellen Teststrecken
unter extremen
klimatischen Bedingungen,
über Pässe, Sand- und Eiswüsten.

im Sport
durch Beteiligung
an internationalen Straßenrennen
und Rallyes.
Die Siege beweisen die Richtigkeit
der Daimler-Benz-
Konstruktionsprinzipien.

Natürlich kamen die hohen Preise von Mercedes-Benz-Automobilen nicht von ungefähr, denn nur wenige Großhersteller leisteten sich einen vergleichbar hohen Aufwand bei der Fertigung und Prüfung ihrer Erzeugnisse.

Sicher

Sicherheit ist ein Erfordernis
im heutigen Straßenverkehr.
Diese Sicherheit haben
wir uns zur Aufgabe gemacht.
Unsere Konstrukteure
entwerfen für Sie,
unsere Wissenschaftler
forschen für Sie,
unsere Versuchsingenieure
prüfen zu Ihrem Schutz.
Die Mercedes-Benz-Fahrzeuge
sind das Ergebnis.

Wir machten sie sicher durch:

Straßenlage
Eingelenk-Pendelachse
mit tiefliegendem Drehpunkt,
Trennung von Radführung
und Radfederung
zur sicheren Spurhaltung
und exakten Radführung.

Bremsen
Zweikreis-Brems-System
mit Servounterstützung,
Scheibenbremsen an den Vorderrädern.

Lenkung
Leichtgängige Kugelumlauflenkung
mit automatischer Nachstellung.

Federung
Abgestimmt durch Kombination
der verschiedenen Federelemente
wie Schraubenfeder, Torsionsstäbe
und Ausgleichsfeder.

Rahmenbodenanlage
Feste Verschweißung der Karosserie
mit der Rahmenbodenanlage
erzielt einen steifen Wagenaufbau.
Stoßaufnehmende Bug- und Heckpartie.

Fahrgastraum
Verwindungssteif, gestaltfest,
stabile Windschutzscheiben
und Dachpfosten.

Rundumsicht
Optimale Sichtwinkel,
Vollsicht-Verglasung
aus Sicherheitsglas.

Türen
Leichtschließend,
Sicherheitszapfenschlösser,
versenkte Türöffner.

Instrumenten-Anlage
Zentral zusammengefaßt,
übersichtlich, leicht ablesbar.
mit abgepolstertem,
stoßnachgiebigem Sicherheitsrahmen.
Versenkte Bedienungsknöpfe
aus elastischem Material.

Lenkrad
Griffig, mit großflächiger
Sicherheitspolsterplatte.

Sitze
Stoßfest verankert,
ausgeformt für seitlichen Sitzhalt.

Das Thema Sicherheit wurde seit der Vorstellung der Heckflossenmodelle sehr groß geschrieben. Die Vormodelle waren von solchen Überlegungen noch weitgehend unbeeinflußt geblieben.

Wertbeständig

Wertbeständigkeit
ist ein Anspruch,
den Sie an uns stellen.
Für Anspruchsvolle
ist der Mercedes-Benz
gebaut.
Betrachten Sie ihn genau,
von unten, von oben,
von innen, von außen,
von allen Seiten,
und Sie werden feststellen,
daß wir Ihre Ansprüche
berücksichtigt haben.

Wir machten ihn wertbeständig durch:

Zukunftssichere Entwicklung
Keine modischen Effekte
Hochwertiges Material
Gewissenhafte Fertigung
Sorgfältige Prüfungen
Funktionskontrollen im planmäßigen
Kundendienst*

* 3700 Kundendienst-Stationen
in 156 Ländern der Erde.

Die Daimler-Benz Aktiengesellschaft
grundiert und lackiert Ihre Fahrzeuge
im Vierschicht-Verfahren.

Die Arbeitsgänge sind:
Reinigung und Phosphatierung
der Rohbaukarosserie
im Sprühverfahren.
Auftragen von Grundlack
im Tauchverfahren.
Transport durch das Abtropfband
zum Einbrennofen.
Einbrenn-Temperaturen
für Grund- und Decklack
130° — 150° C.
Auftragen von Unterbodenschutz
aus elastischem PVC-Material
an besonders beanspruchten Stellen.
(12 kg pro Wagen)
Zweite Grundierung
im Spritzverfahren.
Auftragen des Vorlacks.
Auftragen
der beiden Decklackschichten.
(Insgesamt 23 kg pro Wagen).
Das sind also 23 kg Wert von oben
und 12 kg Wert von unten.

Die Grundausstattung war reichhaltig, dennoch fehlten den Wagen damals noch heute so selbstverständliche Dinge wie heizbare Heckscheibe und Kopfstützen.

Auf Wunsch

können Sie für Ihren Wagen
u. a. bekommen:

DB-Automatisches Getriebe
DB-Servolenkung
Schiebedach
Koffersatz
Radio- mit mechanischer
oder automatischer Antenne
MB-Tex oder Lederpolsterung
Sitzbank, vorn
Radzierblenden
Weißwandreifen
Zweiklang-Fanfare
Heckscheibe, elektrisch heizbar
Kopfstütze, u. a. m.

Von vorne gesehen bestimmten der mächtige Mercedes-typische Kühler und die große Panoramawindschutzscheibe mit den gegenläufigen Scheibenwischern das „Gesicht“ des Wagens.

Neue Klasse: Mercedes-Benz 230

Die drei 220er-Modelle wurden im Jahre 1965 durch die beiden Typen 230 und 230 S ersetzt. Doch nur der 230 S verfügte noch über die markanten „Leuchteinheiten", während sich der 230er als billigster Sechszylinder mit der Front der Vierzylindertypen begnügen mußte. Anfangs hatte der 230 nur 105 PS zu bieten, bekam jedoch 1966 die 120-PS-Maschine des 230 S, wonach sich beide Modelle nur noch in der Ausstattung unterschieden.

Oft wurde in der dezenten Mercedes-Benz-Werbung der Wagen wie hier nur als schmückendes Detail der Umgebung dargestellt; auch eine Art von Understatement.

S-VN 866

Vitesse

La vitesse est une qualité
qu'exigent
aussi bien notre clientèle
que l'époque dans laquelle nous vivons.
Nous en sommes pleinement conscients
et nous construisons pour vous
des voitures
dont les démarrages sont fulgurants.
Et dont la vitesse de croisière
est élevée. Des voitures
qui disposent d'une réserve
de puissance considérable
lorsque vous désirez doubler.
Prenez place dans une Mercedes-Benz...
et laissez parler les faits.

Moteur souple et puissant 6 cylindres
2,3 litres de cylindrée,
arbre à cames en tête,
2 carburateurs inversés,
105 CV (DIN) à 5200 t/mn.
118 gr. HP (SAE) à 5400 t/mn.
Vitesse max. environ 170 km/h.

Forme de la carrosserie
Forme et dimensions
adaptées à l'homme
et aux performances de la voiture.
Faible résistance à l'air
pour un important volume utile
de habitacle et du coffre
à bagages.
Bas niveau sonore,
même à vive allure.

Ausschnitt aus einem Katalog des nur bis Juni 1966 gebauten Typs 230 mit 105-PS-Motor für französischsprachige Länder.

Boîte de vitesses
4 rapports AV, 1 rapport AR
synchronisation forcée
étagement favorable
commande au volant ou au plancher.

Docile aux ordres du volant
Bonne tenue de route,
bonne stabilisation des roues,
direction douce et précise;
comportement sûr,
même lorsqu'il est
nécessaire de donner
de brusques coups de volant.

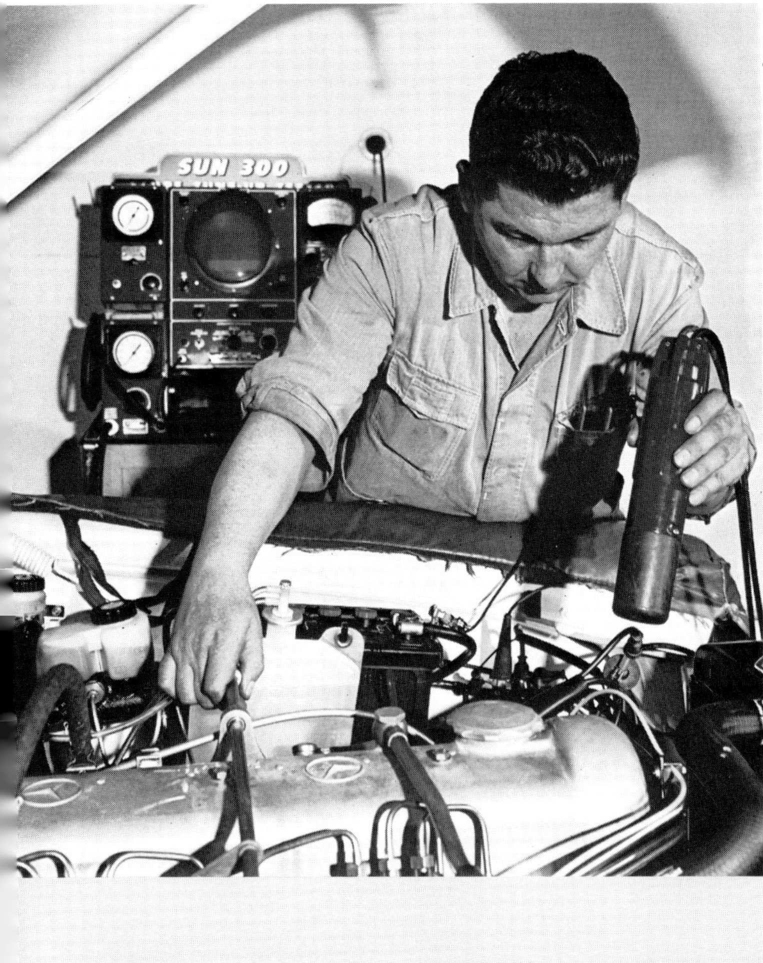

Unter harten Testbedingungen mußten die Wagen ständig ihre Alltagstauglichkeit beweisen.

Sicherheit ist das erste Erfordernis im Straßenverkehr. Diese Sicherheit haben wir uns zur Aufgabe gemacht. Unsere Konstrukteure entwerfen für Sie, unsere Wissenschaftler forschen für Sie, unsere Versuchsingenieure prüfen zu Ihrem Schutz. Die Mercedes-Benz-Fahrzeuge sind das Ergebnis.

Wir machen sie sicher durch:

Straßenlage
Eingelenk-Pendelachse mit tiefliegendem Drehpunkt. Trennung von Radführung und Radfederung zur sicheren Spurhaltung und exakten Radführung.

Bremsen
Zweikreis-Brems-System mit Servounterstützung, Scheibenbremsen an den Vorderrädern.

Lenkung
Leichtgängige Kugelumlauflenkung mit automatischer Nachstellung.

Federung
Abgestimmt durch Kombination der verschiedenen Federelemente, wie Schraubenfedern, Torsionsstäbe und hydropneumatischer Ausgleichfeder.

Rahmenbodenanlage
Feste Verschweißung der Karosserie mit der Rahmenbodenanlage erzielt einen steifen Wagenaufbau. Stoßaufnehmende Bug- und Heckpartie.

Fahrgastraum
Verwindungssteif, gestaltfest, stabile Windschutzsäulen und Dachpfosten.

Rundumsicht
Optimale Sicht nach allen Seiten. Vollsicht-Verglasung aus Sicherheitsglas.

Türen
Leichtschließend; Sicherheitszapfenschlösser, versenkte Türöffner.

Instrumenten-Anlage
Zentral zusammengefaßt, übersichtlich, leicht ablesbar, mit abgepolstertem, stoßnachgiebigem Sicherheitsrahmen. Versenkte Bedienungsknöpfe aus elastischem Material.

Lenkrad
Griffig, mit großflächiger Sicherheitspolsterplatte.

Sitze
Stoßfest verankert, ausgeformt für seitlichen Sitzhalt.

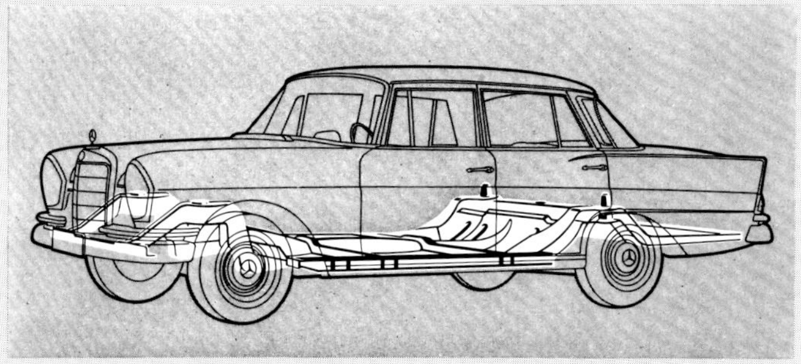

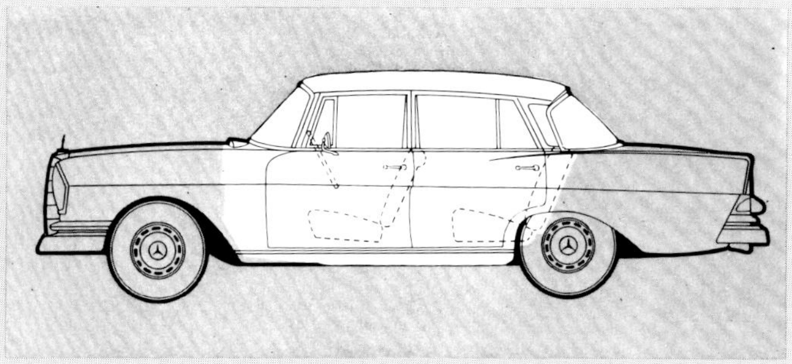

Die komfortablen Sitze des Wagens ruhten auf einer sehr stabilen Bodengruppe.

Rechts: Diese exotisch anmutende Aufnahme stellt einen 230 auf harter Erprobungsfahrt in tropischen Ländern dar.

BB·DS 26

Im 230 S produzierte der 2,3-Liter-Sechszylinder-Motor 120 PS bei 5400 U/min mit zwei Register-Fallstrom-Vergasern; der Wagen erreichte eine Spitzengeschwindigkeit von 175 km/h.

Die 230er-Typen, wie üblich in sehr stimmungsvoller Umgebung präsentiert, wurden noch bis 1968 gebaut.

S-VN 865

Technische Daten Mercedes-Benz 230 S

Motor

Zahl der Zylinder	6	
Bohrung/Hub	82/72,8 mm	
Gesamthubraum	2296 cm^3	
Motorleistung nach DIN*	120 PS	5400 U/min
Motorleistung nach SAE*	135 gr. HP	5600 U/min
Maximales Drehmoment nach DIN	18,2 mkp.	4000 U/min
Maximales Drehmoment nach SAE	20,0 mkp.	4200 U/min
Höchstdrehzahl	6250 U/min	
Verdichtung	9:1	
Ölfüllung Kurbelgehäuse max./min.	5,5/3,5 l	
Inhalt des Kühlsystems	ca. 11,4 l	
Lichtmaschine	Drehstrom 490 Watt	
Batterie	12 V/44 Ah	
Höchstgeschwindigkeit	ca. 175 km/h	

* Bei der Leistungsangabe in gr. Horsepowers sind die Leistungen der zum Motorbetrieb nicht erforderlichen Nebenaggregate unberücksichtigt. Die angegebene Leistung in PS ist, da alle Nebenleistungen bereits abgezogen sind, an der Kupplung für den Antrieb des Wagens effektiv verfügbar.
Anderungen in Konstruktion und Ausführungen vorbehalten.

Fahrwerk
Vollzwangssynchronisiertes
4-Gang-Getriebe
Lenkrad- oder Mittelschaltung
DB-Kugelumlauflenkung
Hinterachsübersetzung 1:4,08
Zweikreis-Servobremssystem
Scheibenbremsen vorn
Hydropneumatische Ausgleichfeder
zur automatischen Niveauregulierung
Reifengröße 7.25 S 13/4 PR

Kraftstoff
Kraftstoffverbrauch DIN 70030
11,2 l/100 km
Tankinhalt 65 l
davon Reserve 8 l
Superkraftstoff

Gewichte
Fahrzeuggewicht fahrfertig 1350 kg
Zulässiges Gesamtgewicht 1850 kg

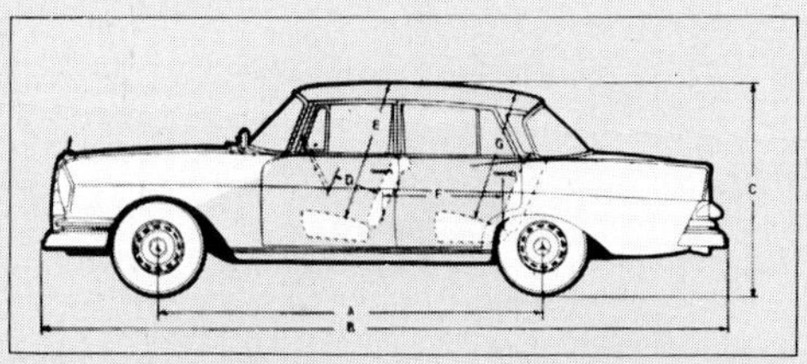

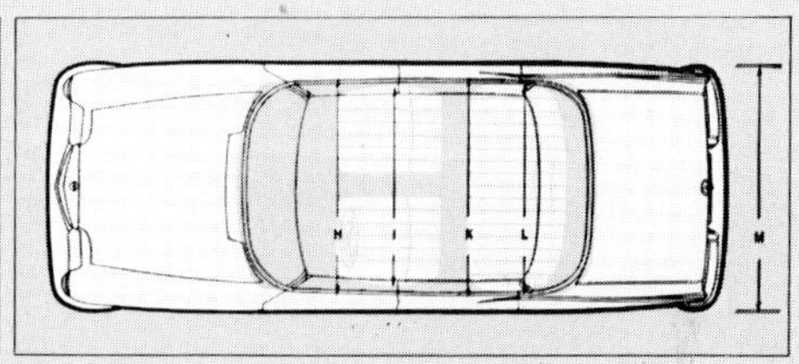

A Radstand 2750 mm
B Größte Länge 4875 mm
C Größte Höhe unbelastet 1500 mm
D* Lenkrad-Fahrersitzlehne 340 mm
E Sitzhöhe unbelastet 960 mm
F* Fahrerlehne–Fondlehne 830 mm
G Sitzhöhe im Fond 870 mm

H Breite auf Mitte Polster 1510 mm
I Breite Türschloßhöhe 1390 mm
K Breite auf Mitte Polster 1540 mm
L Breite Türschloßhöhe 1400 mm
M Größte Breite 1795 mm

Spurweite vorn 1482 mm
Spurweite hinten 1485 mm
Kofferraum 0,64 m^3

* Maße veränderlich je nach Sitzposition

Deutlich im Schatten der erfolgreichen Limousinen standen die Kombi-Modelle auf Basis des Heckflossen-Mercedes. Zunächst nur von Spezialkarosserie-Firmen unter eigener Regie gebaut und verkauft, gab es erst ab 1966 den „Universal“ im offiziellen Mercedes-Benz-Verkaufsprogramm.

P1133 - 666 - Printed in Belgium.

Änderungen in Konstruktion und Ausstattung vorbehalten.

Hydropneumatische Ausgleichfeder

Robuste Konstruktion, verstärkte Spiralfedern 15-Zoll-Reifen und darüberhinaus eine hydropneumatische Ausgleichfeder bewirken, dass der UNIVERSAL hohe Belastungen aushält. Was auch immer Sie laden oder schleppen (Wohnanhänger z.B.), Sie brauchen nicht zu befürchten, dass er seine horizontale Strassenlage, seine Stabilität und seine gute Bodenhaftung verliert. Gerade, wenn Sie schweres und voluminöses Gut befördern, werden Sie diese Vorteile schätzen.

Vertrieb in der Bundesrepublik Deutschland und West-Berlin durch : IMA Autohandelsgesellschaft m. b. H., 4 Düsseldorf Nord.

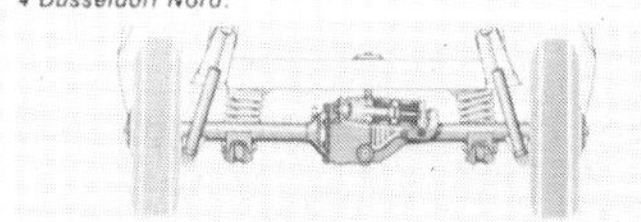

Hydropneumatische Ausgleichfeder

Mercedes-Benz UNIVERSAL

Der Wagen machte keine schlechte Figur; verstärkte Federung und Hydropneumatic wurden auch mit hoher Belastung fertig.

Mercedes-Benz UNIVERSAL

SOLIDE VERARBEITUNG, KOMFORT, SICHERHEIT

Prüfen Sie den UNIVERSAL aufmerksam - jedes kleinste Detail ! Nichts unterscheidet ihn von den anderen MERCEDES-BENZ-Modellen ausser seinem charakteristischen Heck. Er hat dieselben Qualitäten, dieselbe gelungene Vereinigung von Komfort, solider Verarbeitung und Sicherheit, die Tausende von MERCEDES-BENZ-Kunden in aller Welt schätzen. Der UNIVERSAL ist ein Wagen, des anspruchsvollen Fahrers, der elegante Stilgebung bei gleichzeitiger vielseitiger Verwendbarkeit sucht.

Mercedes-Benz Typ Universal, ein Fahrzeug ohnegleichen

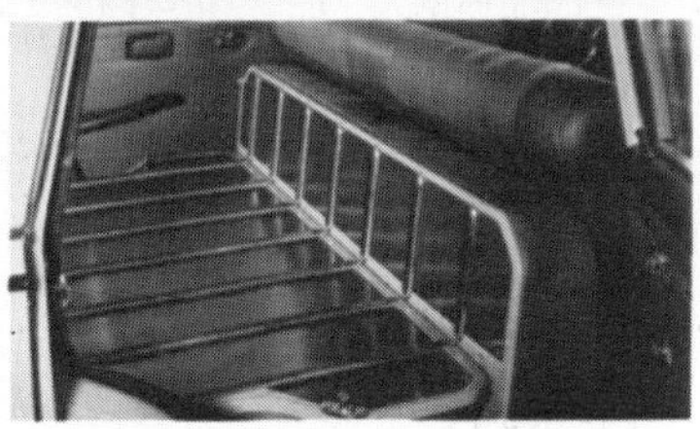

GERÄUMIGKEIT

Öffnen Sie die Heckklappe; sie bleibt in jeder gewünschten Höhe stehen. Die Ladefläche von ca. 2 m Länge ermöglicht eine Zuladung von ca. 650 kg oder 2,7 cbm. Der Boden besteht aus widerstandsfähigem, gefälligem Kunststoff. Gleitschutzschienen verhindern das Verrutschen des Ladegutes. Klappen Sie die hintere Sitzbank hoch : es bleiben Ihnen immer noch 1,33 m Ladetiefe und Sitzgelegenheit für 6 Personen.
Solche Geräumigkeit wird auch höchsten Ansprüchen gerecht.

SEITLICHE ZUGÄNGLICHKEIT

Vielleicht müssen Sie unhandliche Gegenstände laden ? Das macht nichts, denn ein MERCEDES-BENZ hat ja serienmässig 4 Türen ! Die lichte Weite der hinteren Seitentüren ermöglicht einen bequemen Zugang zum vorderen Teil der Ladefläche. Sie können bequem und ungehindert Ihr Ladegut greifen und ordnen.

Auch die Ladefläche des Universal zeigte sich sehr geschmackvoll ausgestattet, vier Türen serienmäßig erleichterten die Beladung.

Mercedes-Benz 200 - 200 D - 230 - 230 S
UNIVERSAL

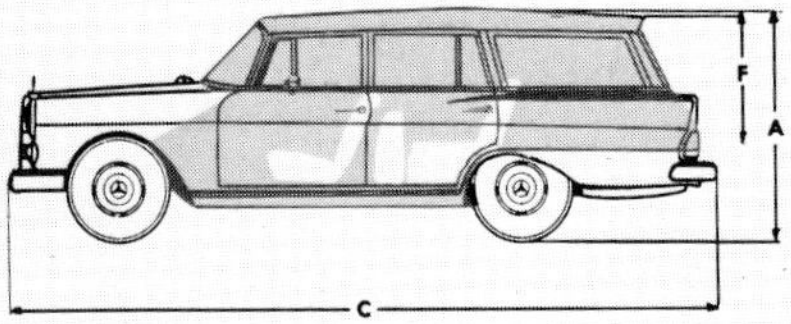

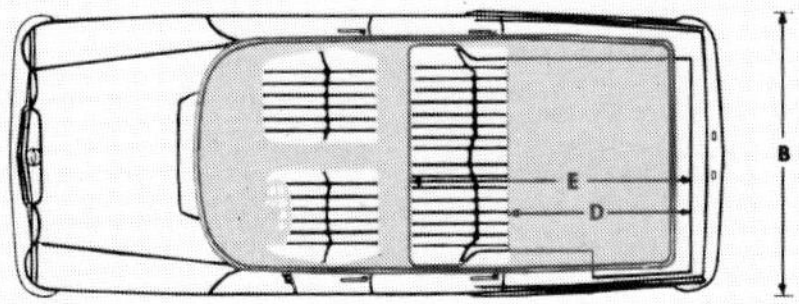

TECHNISCHE DATEN

A. Grösste Höhe unbelastet	1530 mm
B. Grösste Breite	1795 mm
C. Grösste Länge 200-200D-230	4740 mm
Grösste Länge 230 S	4885 mm
D. Gesamte Ladelänge. Fondbank aufgestellt	1330 mm
E. Gesamte Ladelänge Fondbank umgeklappt	1930 mm
F. Lichte Höhe über Ladefläche	850 mm
Laderaum	
Fondbank aufgestellt	1,2 m3
Fondbank umgeklappt	2,7 m3

Hinterachse mit hydropneumatischer Ausgleichfeder für Niveau-regulierung.

Auch die Firma I.M.A. in Belgien, wo die Universal ausschließlich gebaut wurden, gab einen eigenen Prospekt heraus.

Bei allen Vorzügen und einer reichhaltigen Ausstattungsliste war der Wagen für ein „Nutzfahrzeug“ jedoch zu teuer.

Mercedes-Benz UNIVERSAL

	200	200 D	230	230 S
Zahl der Zylinder	4	4	6	6
Bohrung/Hub	87/83,6 mm	87/83,6 mm	82/72,8 mm	82/72,8 mm
Hubraum effektiv	1988 cm3	1988 cm3	2306 cm3	2306 cm3
Motorleistung nach DIN PS /U/Min.	95/5200	55/4200	105/5200	120/5400
Maximales Drehmoment DIN mkp/U/Min.	15,7/3600	11,5/2400	17,7/3600	18,2/4000
Verdichtung	9 : 1	21 : 1	9 : 1	9 : 1
Fahrverbrauch bei 100 km/U	10,9	8,1	11,2	11,2
Tankinhalt Ltr	65	65	65	65
Höchstgeschwindigkeit km/U ca	160	130	170	175
Reifen	700 S-15/6 lagen	700-15/6 lagen	700 S-15/6 lagen	700 S-15/6 lagen
Zulässiges Gesamtgewicht	2105	2155	2140	2170
Fahrzeuggewicht nach DIN 70020, fahrfertig	1380	1430	1415	1445
Zulässige Achslast vorn und hinten	805/1300	855/1300	840/1300	870/1300
Vom Hersteller bestimmte zulässige Nutzlast mit Rücksicht auf Lastverteilung auf die einzelnen Achsen nach obigen aufgeführten Achslasten (Fahrer einbegriffen)	725	725	725	725

Massgeblich sind die in den einzelnen Ländern gültigen Vorschriften.

SERIENMÄSSIGE AUSSTATTUNG

Armaturenanlage gepolstert - Ablageschale zwischen den Vordersitzen und Seitentaschen an den Vordertüren - Rückblickspiegel blendfrei, bei Stoss aus der Halterung fallend - Befestigungspunkte für Sicherheitsgurte - 2 Sonnenblenden gepolstert und seitlich verstellbar mit Spiegel für den Beifahrer - Sicherheitszapfenschlösser an allen 4 Türen - Lenkradschloss mit Zündschloss kombiniert - Lenkrad mit Polsterplatte - Tageskilometerzähler - Kraftstoffuhr mit elektrischer Reservehinweisleuchte - Kontroll-Leuchten für Vorglühen (Diesel), Fernlicht, Blinker, Batterie und Handbremse - Öldruckmesser - Scheibenwaschanlage mit Fussbetätigung verbunden mit den Scheibenwischern - Asymmetrisches Abblendlicht - Fond-Deckenleuchte, Schaltung durch Schalter oder durch Öffnen der Hintertür - 1 Aussen-Rückblickspiegel - Rückfahrscheinwerfer - gesonderter Raum unter den Ladeboden für allerlei Gegenstände sowie Raum für Werkzeug.

13. 3. 65

Mercedes-Benz

190 D MIXTE

TYPE "UNIVERSAL"

CONSTRUCTION ROBUSTE

Le châssis, soudé à la carrosserie pour constituer un ensemble autoporteur, est formé de puissants supports longitudinaux et latéraux. Cette ossature particulièrement résistante est une garantie supplémentaire de sécurité et de robustesse.

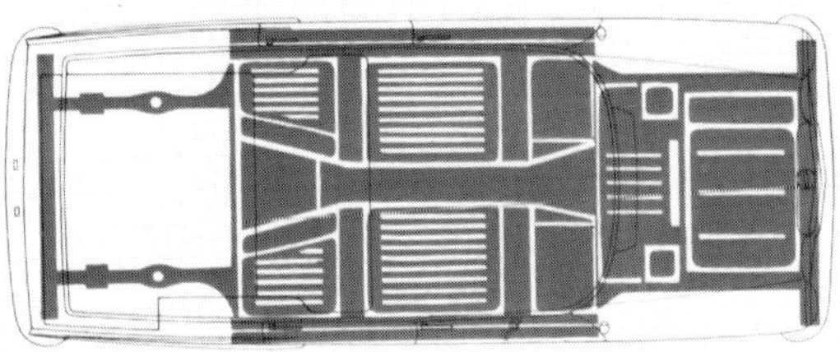

MERCEDES-BENZ

190 D MIXTE

TYPE "UNIVERSAL"

SUSPENSION DOUCE, TENUE DE ROUTE IRRÉPROCHABLE...

Tout comme les autres modèles de la gamme Mercedes-Benz, la 190 D MIXTE allie d'une façon idéale une excellente tenue de route à une remarquable suspension.

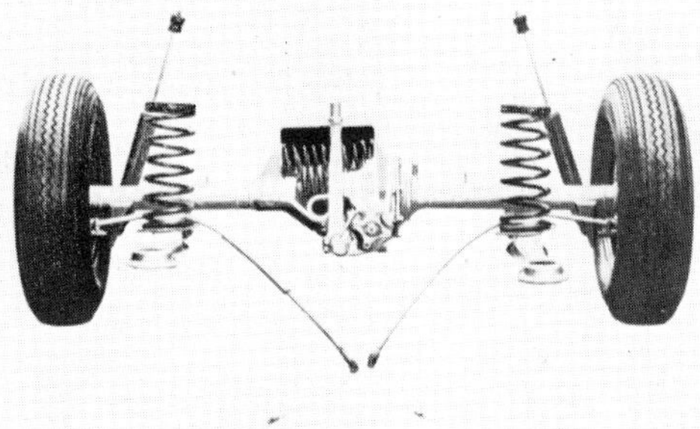

...MÊME EN CAS DE CHARGE MAXIMUM OU DE TRACTION DE REMORQUE

Pour répondre aux multiples utilisations professionnelles et autres, la 190 D MIXTE a été équipée à l'arrière d'une suspension spéciale complémentaire appelée : "Compensateur pneumatique de charge". Cette suspension additionnelle a pour effet d'empêcher la partie arrière du véhicule de s'abaisser exagérément en cas de charge maximum ou de traction de remorque.

Une valve spéciale disposée à côté du bouchon de remplissage du réservoir permet de régler la quantité d'air comprimé nécessaire (1 à 8 kg/cm²) pour équilibrer le poids chargé.

Sous réserve de modifications dans la construction et l'agencement.

s.a. I.M.A. - Usines à Malines - Belgique

Die Preise des Universal reichten von 14 750 Mark für den Zweiliter-Benziner bis zu 18 600 Mark für den 230 S, wofür man damals von anderen Herstellern leicht zwei fast gleichwertige Fahrzeuge bekommen konnte.

Den härteren Arbeitsbedingungen angepaßt, war die Innenausstattung des Universal ganz in strapazierfähigem Kunststoff gehalten.

ɜssibilité latérale maximum. La découpe très ɜ des portières arrières vous laissant une liberté e de manœuvre, il est en effet très aisé d'accéɔar les côtés au chargement. Cette caractérisɜ est très appréciée, principalement lorsqu'il procéder à la manipulation et au chargement ièces longues et encombrantes.

Confort, finition, sécurité. Trois qualités qui font de la 190 D MIXTE une MERCEDES-BENZ ! Quel que soit l'usage que vous en ferez, du grand tourisme aux activités quotidiennes, elle est, avec ses six places spacieuses, la limousine confortable qui complète heureusement une gamme célèbre de véhicules répondant à toutes les exigences.

Robustesse, économie, performances. La 190 D MIXTE hérite de toutes les qualités de la 190 D, dont la renommée est universelle : consommation réduite, entretien minime, longévité proverbiale, performances élevées. La 190 D MIXTE vous permet d'envisager les plus longs voyages avec sérénité. En effet, elle est équipée du légendaire moteur Diesel MERCEDES-BENZ !

...pour de longues années !

Mercedes-Benz

Der Universal war zweifellos ein sehr attraktives und gutes Fahrzeug, nur war die Zeit für Luxuskombis noch nicht reif.

Daimler-Benz
Aktiengesellschaft

Kombiwagen fuhren damals hauptsächlich Handwerker und kleine Gewerbetreibende. Als Freizeitwagen hatten sich solche Modelle noch nicht etabliert.

Die Universalmodelle in allen vier Motorvarianten gehören heute zu den sehr seltenen Vertretern der Heckflossen-Familie.

Durchaus edel wirkte schon damals die Holzmaserung der Ladefläche, die nach Umlegen der Rücksitze Platz auch für sperriges Gut bereitstellen konnte.

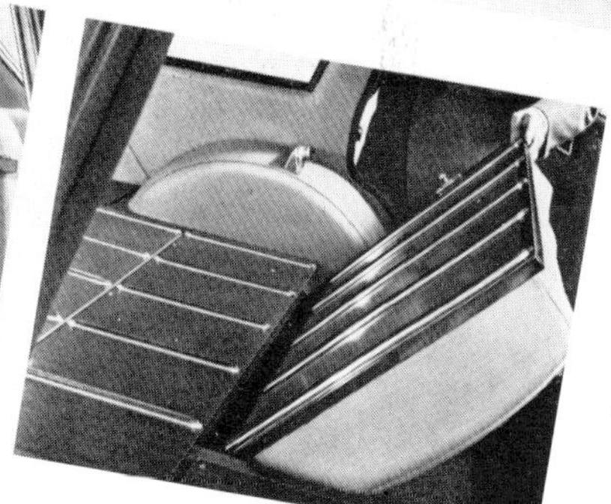

Caractéristiques techniques

Mercedes-Benz Universal 200 - 200 D - 230 - 230 S

Moteur	200		200 D		230		230 S	
Nombre de cylindres	4		4		6		6	
Alésage/Course	87/83,6 mm		87/83,6 mm		82/72,8 mm		82/72,8 mm	
Cylindrée	1988 cm^3		1988 cm^3		2306 cm^3		2306 cm^3	
Puissance du moteur DIN*	95 ch	5200 t/min	55 ch	4200 t/min	120 ch	5400 t/min	120 ch	5400 t/min
Puissance du moteur SAE*	105 HP	5400 t/min	60 HP	4200 t/min	135 HP	5600 t/min	135 HP	5600 t/min
Couple maximum DIN	15,7 mkg	3600 t/min	11,5 mkg	2400 t/min	18,2 mkg	4000 t/min	18,2 mkg	4000 t/min
Couple maximum SAE	16,9 mkg	3800 t/min	12,0 mkg	2400 t/min	20,0 mkg	4200 t/min	20,0 mkg	4200 t/min
Régime maximum	6000 t/min		4320 t/min		6000 t/min		6000 t/min	
Taux de compression	9:1		21:1		9:1		9:1	
Quantité d'huile dans le carter-vilebrequin maxi/mini	4,0/2,5 litres		4,0/2,5 litres		5,5/3,5 litres		5,5/3,5 litres	
Capacité du système de refroidissement env.	10,1 litres		10,1 litres		14,0 litres		11,4 litres	
Alternateur	490 W		490 W		490 W		490 W	
Batterie	12 V 44 Ah		12 V 66 Ah		12 V 44 Ah		12 V 44 Ah	
Vitesse maximale	160 km/h		130 km/h		175 km/h		175 km/h	
Consommation de carburant DIN 70030	10,9 litres		8,1 litres		11,2 litres		11,2 litres	
Capacité du réservoir/réserve	65/8 litres		65/8 litres		65/8 litres		65/8 litres	
Pneus	7.00 S-15/6 plis		7.00-15/6 plis		7.00 S-15/6 plis		7.00 S-15/6 plis	
Poids total admis	2105 kg		2155 kg		2140 kg		2170 kg	
Poids à vide suivant DIN 70020	1380 kg		1430 kg		1415 kg		1445 kg	
Poids admis par essieu AV/AR	805/1300 kg		855/1300 kg		840/1300 kg		870/1300 kg	
Charge autorisée par le constructeur sous condition de répartition ci- dessus (conducteur compris)	725 kg		725 kg		725 kg		725 kg	

* L'indication donnée en Horsepowers ne tient pas compte des puissances requises par les groupes secondaires qui ne sont pas indispensables à l'entraînement du moteur. L'indication donnée en ch est effectivement disponible à l'embrayage pour la propulsion du véhicule, les puissances secondaires ayant déjà été deduites.

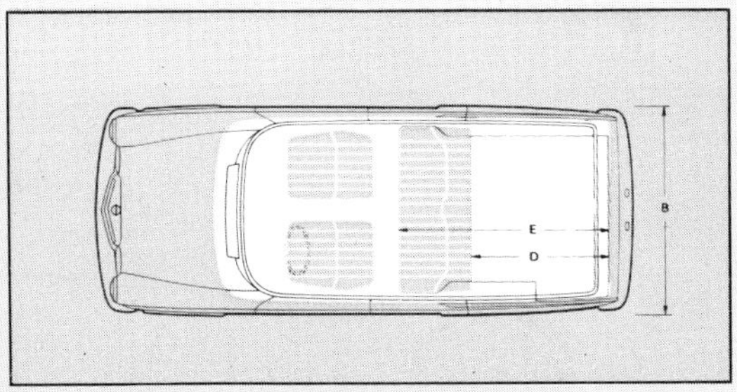

A Hauteur maximum non chargé 1530 mm
B Largeur maximum 1795 mm
C Longueur maximum 200 - 200 D - 230 4740 mm
Longueur maximum 230 S 4885 mm

D Longueur totale de chargement
Banquette arrière relevée 1330 mm
E Longueur totale de chargement
Banquette arrière abaissée 1930 mm
F Hauteur intérieure au-dessus du plancher de chargement 850 mm

Volume au-dessus du plancher de chargement
Banquette arrière relevée 1,2 m^3
Banquette arrière abaissée 2,7 m^3
A l'arrière ressort compensateur hydropneumatique à redressement automatique

Der Universal war der erste Kombi im serienmäßigen Angebot von Mercedes-Benz und begründete trotz seines geringen Verkaufserfolges die Reihe der heute so gefragten Nachfolgermodelle.

Mercedes-Benz-Heckflossen-Taxis

Mercedes-Wagen der Mittelklasse und vor allem die Dieselmodelle erfreuten sich bei Taxifahrern seit jeher der mit Abstand größten Beliebtheit vor allen anderen Fabrikaten. Dies läßt sich trotz hoher Anschaffungskosten mit der guten Verarbeitungsqualität, dem beständigen Wiederverkaufswert und den sehr hohen Kilometerleistungen der anspruchslosen Dieselmotoren erklären.

Das ideale Taxi Mercedes-Benz 190 Diesel

Seit Jahren werden Mercedes-Benz Dieselwagen bevorzugt als Taxi eingesetzt. Das hat gute Gründe:
Taxifahrer verbringen ihren ganzen Arbeitstag auf dem Fahrersitz. Wir wissen das; unsere Konstrukteure haben, weil auch unsere anderen Kunden überdurchschnittlich viel fahren, auf eine bequeme, ermüdungsfreie Sitzposition allergrößten Wert gelegt. Der Fahrkomfort natürlich auch für Ihre Fahrgäste, ist der gleiche wie bei unseren großen Reiselimousinen.
Wer immer mit Ihnen fährt, wird das genauso zu schätzen wissen wie Sie selbst.
Schon von Gestaltung und Ausstattung her erweist sich der Mercedes-Benz 190 Diesel auch als Taxi besonders geeignet: Vier große, weitöffnende Türen, ein geräumiger, geschmackvoll gestalteter Innenraum mit guter Kopf- und Kniefreiheit, auch im Fondraum; die bequemen Einzelsitze oder die Sitzbank vorn und die breite Sitzbank hinten — alles mit sehr strapazierfähigen Stoffen bzw. Kunststoff bezogen; die reichhaltige Grundausstattung, der sehr große Kofferraum mit einem Fassungsvermögen, das Ihre Fahrgäste kaum je ausnutzen werden.
Der Mercedes-Benz 190 D ist aber auch in jeder Beziehung ein sicheres Fahrzeug, angefangen von der robusten Gesamtkonstruktion bis zu den Polsterungen und elastischen Knöpfen, den Armlehnen für Sie und Ihre Fahrgäste bis zu der gediegenen Verarbeitung auch der letzten Details. Auch für die Fahrsicherheit haben wir sehr viel getan — die hervorragende Straßenlage ist seit Jahren in aller Welt anerkannt, die Lenkung ist präzise und dennoch leichtgängig, das Zweikreis-Servobremssystem mit Scheibenbremsen vorne wird den außerordentlich hohen Anforderungen im dichten Stadtverkehr unserer Tage voll gerecht.

Auch für seine Wirtschaftlichkeit ist der 190 D bekannt — ein Faktor, der bei den hohen Kilometerleistungen im Taxidienst entscheidend wichtig ist. Der robuste Motor ist bescheiden im Verbrauch, der Kraftstoffpreis gering. Noch mehr aber zählt, daß Sie sich jederzeit auf ihn verlassen können, im Sommer und im Winter, durch viele Jahre. Denn der Mercedes-Benz Dieselwagen ist für seine Langlebigkeit geradezu berühmt.
Es gibt schon gute Gründe dafür, daß erfahrene Taxiunternehmer immer wieder Mercedes-Benz Dieselwagen anschaffen. Mehr und mehr Unternehmer gehen zum Funktaxi über. Auch daran haben wir gedacht: unser 190 Diesel ist ohne weiteres entsprechend auszurüsten.
Für die Verwendung als Funktaxi kann das Fahrzeug auf Wunsch vorbereitet werden (Verlegung der Kabel u. a. m.), so daß die nachträgliche Montage einer Funksprechanlage erheblich erleichtert und verbilligt wird. Da Daimler-Benz langjährige Erfahrungen in der Ausstattung von Mercedes-Benz Dieselwagen als Taxi gesammelt hat, können Sie in jeder Hinsicht voll auf Ihr 190 D Taxi vertrauen.
Die Karosserie ist mit der Rahmenbodenanlage zu einer gemeinsam tragenden Einheit fest verschweißt, eine geschlossene Konstruktion also, die eine gute Ausnutzung der Sendeleistung des Funksprechgerätes gewährleistet.
Für den erhöhten Strombedarf im Taxibetrieb kann der Wagen mit einer Batterie von größerer Kapazität und mit einer Lichtmaschine von höherer Leistung ausgerüstet werden. Der Mercedes-Benz 190 D ist ein ausgereiftes Fahrzeug und nach dem heutigen Stand der Technik das Produkt einer langjährigen Entwicklung erfolgreicher Taxiwagen. Der 190 Diesel hat sich als komfortables, fahrsicheres und wirtschaftliches Automobil bewährt. Diesen Wagen rüsten wir Ihnen gern nach Ihren Anforderungen und Ihren persönlichen Wünschen aus.

Für Taxi-Interessenten erschien 1965 dieser Spezialprospekt für das Modell 190D, einen Wagen, den man auch heute noch hin und wieder als Taxi im Straßenverkehr sehen kann.

Technische Daten

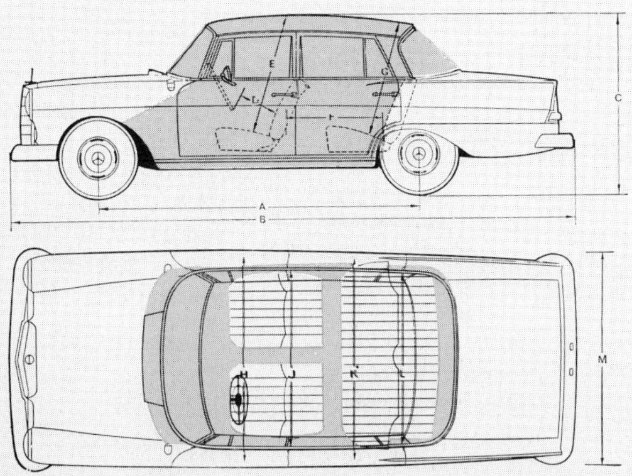

Radstand	2700 mm
Größte Länge	4730 mm
Größte Höhe unbelastet	1495 mm
Hinterkante Lenkrad bis Fahrersitzlehne	340 mm
Sitzhöhe* (nicht eingesessen)	960 mm
Hinterkante Fahrersitzlehne bis Vorderkante Fond	830 mm
Sitzhöhe Fond (nicht eingesessen)	855 mm
Breite auf Mitte Polster gemessen	1510 mm
Breite in Fensterschlüsselhöhe gemessen	1390 mm
Breite auf Mitte Polster gemessen	1540 mm
Breite in Fensterschlüsselhöhe gemessen	1400 mm
Größte Breite	1795 mm
Nutzbarer Kofferraum mit einem Reserverad	$0{,}64\ m^3$
Wendekreisdurchmesser	ca. 11,5 m

* bei eingebautem Stahlschiebedach 920 mm

Motor

Zahl der Zylinder 4
Bohrung/Hub 87/83,6 mm
Hubraum effektiv 1988 ccm
Motorleistung nach SAE 60 gr. HP/4200 U/min
Motorleistung nach DIN 55 PS/4200 U/min
Höchstdrehzahl 4350 U/min
Verdichtung 21:1

Fahrwerte

Höchstgeschwindigkeit		Steigfähigkeit	
im 1. Gang	32 km/st	im 1. Gang	38%
im 2. Gang	55 km/st	im 2. Gang	20%
im 3. Gang	86 km/st	im 3. Gang	12%
im 4. Gang	ca. 125 km/st	im 4. Gang	6,5%

Kraftstoff

Durchschnittlicher
Fahrverbrauch 6,5–9 Ltr./100 km
Kraftstoffverbrauch
nach DIN 70030 7,6 Ltr./100 km
gemessen bei 93,7 km/st
Tankinhalt 52 Ltr.
Reserve 5 Ltr.
Kraftstoff: Dieselöl

Fahrwerk

Schaltgetriebe, DB-Vierganggetriebe, vollzwangssynchronisiert, Lenkradschaltung
Lenkung DB-Kugelumlauflenkung mit automatischer Nachstellung und Lenkungs-Stoßdämpfer
Hinterachse Eingelenkpendelachse mit tiefgelegtem Schwerpunkt und Ausgleichsfeder
Zweikreis-Servobremssystem mit Scheibenbremsen vorn

Gewichte

Fahrzeuggewicht, fahrfertig mit Reserverad und Werkzeug 1300 kg
Zulässiges Gesamtgewicht 1800 kg

Grundausstattung des 190 D

Einzelsitze vorn (wahlweise Sitzbank)
Sitzbank hinten, wahlweise Sitzlehne in gerader Ausführung
Verdeckhimmel in abwaschbarem perforiertem Kunststoff
Heizung und Lüftung für Windschutzscheibe und vorderen Fußraum, rechts und links getrennt regulierbar
Handbremse mit Kontroll-Leuchte
Stufenloses Gebläse für Heizung und Lüftung
Scheibenwischer zweistufig
Scheibenwascher mit Fußbetätigung
Lichthupe, Betätigung mit Blinkgeber kombiniert
Zeituhr, elektrisch
Armlehnen, gepolstert an allen Türen
Haltegriffe auf und über Beifahrertür sowie üb beiden Fondtüren
Ein Aschenbecher vorn, zwei im Fond
Befestigungspunkte für Sicherheitsgurte
Zugöse vorn links
Lichtmaschine 240 Watt
Batterie 12 Volt, 66 Ah
Zweikreis-Servobremssystem mit Scheibenbremsen vorn

Sonderausstattung für Taxi (gegen entsprechenden Mehrpreis)

Vorbereitende Arbeiten zum nachträglichen Einbau eines Taxi-Funkgerätes
Reißverschluß im Dachhimmelstoff (für Antennenbefestigung)
Loch in der Dachaußenwand für Antennenbefestigung
Antennenkabel vom Reißverschluß im Dachhimmel bis unter die Armaturentafel, bis zum Bediengerät verlegt
Halterung zur Montage des Taxi-Funkgerätes anbringen
Fondlehne gerade
Ruhesitze links und rechts
Sitzschienen verlängert
Zusätzliche Fondinnenbeleuchtung für Taxi
Vier Anschnallgurte
Türkontakte an den Fondtüren für Innenbeleuchtung
Kofferraumbeleuchtung
Haftsuchscheinwerfer
Starktonhorn
2 Nebelscheinwerfer
Radio
Heizbare Heckscheibe
Stärkere Lichtmaschine 300 Watt
Dünnplattenbatterie 88 Ah
Wärmetauscher stärker
Kühlerjalousie
Taxi-Kennzeichen auf dem Dach
Kienzle-Taxameter
Katacalorglas für Heckscheibe
Größere Kupplung
DB-automatisches Getriebe
DB-Servolenkung
MB-Tex-Polsterung
Elfenbeinfarbiges Lenkrad
Verbandkasten
Chromzierringe
Weißwandreifen
Zusatzluftfeder (Load Lift)
Abschleppvorrichtung hinten
Stahlschiebedach

Änderungen in Konstruktion und Ausstattung vorbehalten

Daimler-Benz AG · Stuttgart-Untertuerkheim

MIESEN -Kombi - LIMOUSINE

auf Mercedes-Benz 190/190 D

U 14699

1963

Nutzlast: 730 kg

Besonders vorteilhafte Belademöglichkeit durch die hintere Klappe, welche sich nach oben öffnet und durch Federdruck automatisch geöffnet bleibt.

Wie für den Betrieb als Kraftdroschke, so waren auch für den Einsatz als Krankenwagen Mercedes-Fahrzeuge auf Grund ihrer Zuverlässigkeit prädestiniert. Es gab Ambulanzen mit den verschiedensten Spezialeinrichtungen.

Bevor der Universal belgischer Produktion ins offizielle Mercedes-Programm aufgenommen wurde, gab es schon in Kleinserie gebaute Kombiwagen wie z. B. von der Firma Miesen in Bonn.

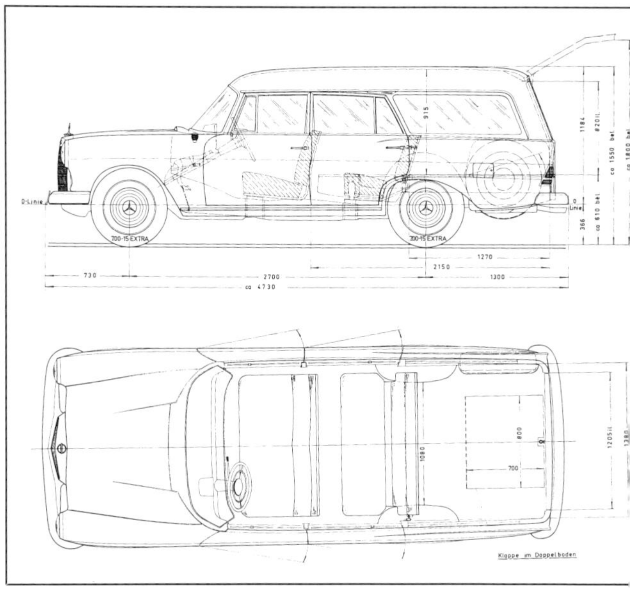

Binz KAROSSERIE

DER NEUE BINZ-KRANKENWAGEN

Ein Kranken- und Rettungswagen

auf einem speziell für den Verletztentransport entwickelten Fahrgestell.

MERCEDES-BENZ 200 D LANG und 230 LANG

1100 LANG

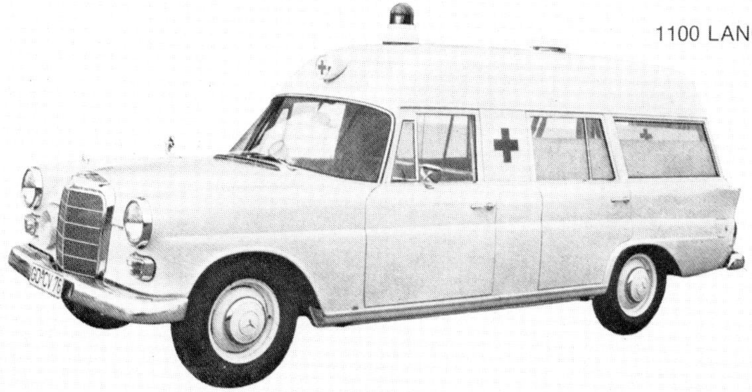

1200 LANG

In Verbindung mit der erhöhten Dachausführung und der verbreiterten, versetzten und erhöhten Krankenraumtür bietet der Wagen besonders bequeme Einsteig- und Betreuungsverhältnisse

BINZ EUROP 1100/1200 LANG

Titelseite eines seltenen Dokumentes über den Krankenwagen, gebaut von der Firma Binz in Württemberg auf Basis der Heckflossenmodelle 200 D und 230 mit verlängertem Fahrgestell.

Binz
KAROSSERIE

BINZ-KRANKENWAGEN

auf Mercedes-Benz-Fahrgestell Typ 200/200 D und 230

Auch mit dem normalen Fahrgestell der 200/200 D und 230 bot die Karosseriebaufirma Binz Ambulanzen an.

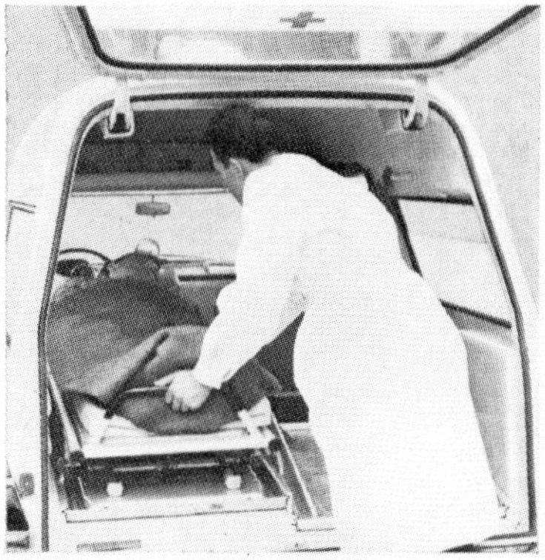

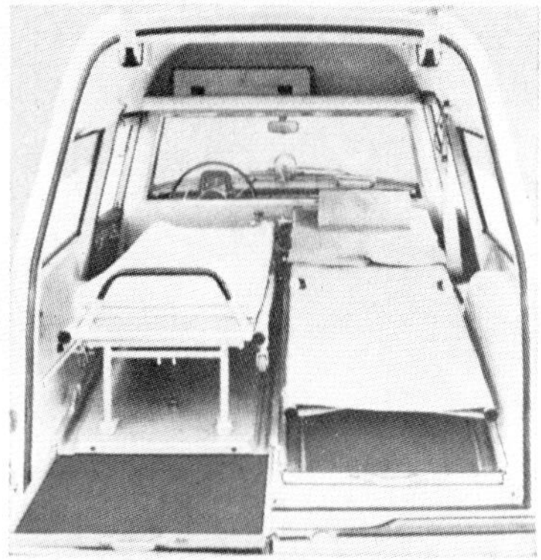

Eine verstellbare Hochlagerung für das Fußende der Trage, für die Lagerung von Unfallverletzten nach Trendelenburg

Die einschiebbare BINZ-Plattform-Einrichtung bietet ungehinderten Zugang zum Krankenraum. Die geöffnete Klappe dient als Regenschutz.

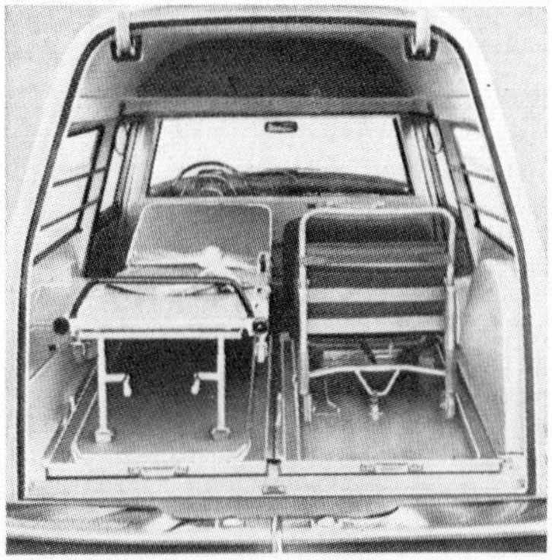

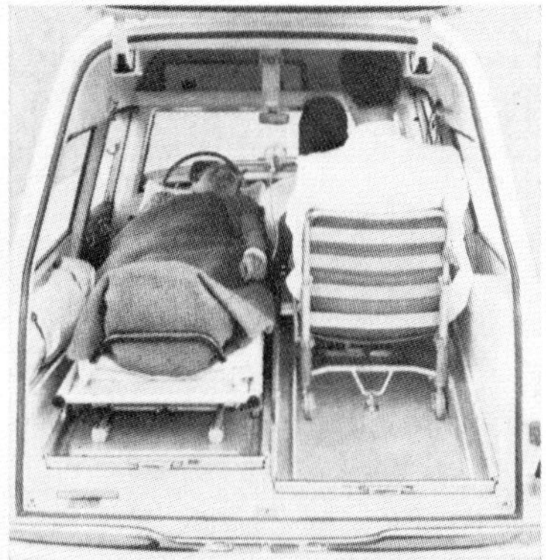

Der große Krankenraum bietet günstige Verhältnisse für den Krankentransport

Mit dem Tragsessel ergibt sich ein weiterer Sitzplatz im BINZ-EUROP 1100 Spezial

Der klappbare BINZ-Leichttragsessel findet zwischen Trennwand und linkem Sitz im Krankenraum Platz.

BINZ-Leichttragsessel im Einsatz

In dem neuen und umfangreichen DAIMLER-BENZ-Programm ist jede Fahrzeuggröße vorhanden. **Die betont europäische Linienführung des Fabrikates wird auch im Aufbau fortgesetzt. Mit einer** *Pollmann Karosserie* **erhält der Käufer nicht nur einen eleganten Bestattungswagen, ein Transportmittel,** sondern gleichzeitig 40 Jahre Erfahrung fortschrittlichen Fahrzeugbaues.

Auch für den Fuhrpark von Bestattungsunternehmen, denen das seriöse und gediegene Erscheinungsbild ihrer Fahrzeuge oberstes Gebot war, eigneten sich vorzugsweise Modelle aus Untertürkheim, und Firmen wie Pollmann in Bremen nahmen die nötigen Modifikationen vor.

Die Getriebeautomatik

Verfen Sie bitte einen Blick auf die Bedienungshebel und Armaturen. Zuerst fällt auf, daß das Kupplungspedal fehlt; denn das Kuppeln vie auch das Schalten erfolgt selbsttätig durch einen Steuerapparat n Getriebe. Der Hebel rechts an der Lenksäule, der wie ein normaler Schalthebel aussieht, dient allein zur Einstellung verschiedener unktionen. Diese Funktionen sind auf der rechteckigen Skala durch Buchstaben und Zahlen kenntlich gemacht. Ein roter Zeiger gibt Auskunft, velche Funktion jeweils eingestellt ist.

Auf der Skala sehen Sie im einzelnen:

P = Parken, mit blockiertem Getriebe
R = Rückwärtsfahren
0 = Anlassen
4 = vollautomatisches Fahren in allen 4 Gängen
3 = nur 1., 2. und 3. Gang
2 = nur 1. und 2. Gang

Ein Fahrzeug mit Automatik ausrüsten zu lassen, wie hier einen Mercedes 220 SE, gehörte in Deutschland der 60er Jahre noch zu den Extravaganzen, während es in den USA schon zum Standard gehörte. Sonderkataloge gaben Auskunft über die für die meisten noch recht geheimnisvolle Funktionsweise dieser Fahr-Erleichterung.

Durch einen Hebel ähnlich dem der serienmäßigen Lenkradschaltung konnte der Mercedes-Fahrer in die Funktionsweise seiner Getriebeautomatik eingreifen. Ein kleines Sichtfenster rechts neben dem Tacho zeigte die jeweilige Fahrstufe an.

Unten: Die „HYDRAK“ genannte Viergang-Automatik von Mercedes-Benz stellte noch keine perfekte Lösung dar, und nur wenige Käufer entschieden sich damals für dieses kostspielige Extra.

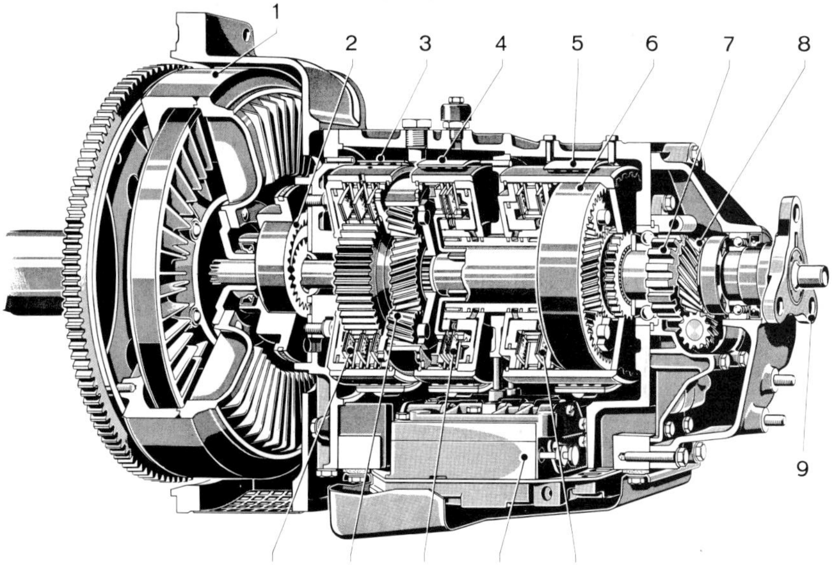

Die USA waren traditionsgemäß das Exportland mit der größten Aufnahmebereitschaft für Mercedes-Benz-Pkw. Die Wagen mußten verschiedene Modifikationen über sich ergehen lassen, bevor sie den Weg nach Übersee antreten durften. Mancher Händler in den Vereinigten Staaten druckte eigenes Werbematerial für die Heckflossenmodelle, das nicht so nüchtern war wie die Exportkataloge aus Deutschland.

MERCEDES-BENZ

220

4-DOOR SEDAN

Timeless Beauty . . . Lasting Value

A refreshing new look now graces the distinctive beauty of the luxurious Mercedes-Benz 220. Still wearing the traditional star as the symbol of its perfection and elegance, this distinguished car is 'pure automobile' from headlights to rear bumper—thanks to its clean, purposeful lines and unadorned simple design. Massive new front end . . . larger wrap-around windshield and back window . . . new roof line and body sculpturing that emphasizes the horizontal . . . new more spacious trunk . . . unique rear fender treatment—these are all styling features that help make the 220 modern as tomorrow in shape and form—a form resulting from changes born of functional purpose only. At the same time, the car retains the basic elements of that timeless beauty which not only identifies a Mercedes-Benz to discerning motorists everywhere but keeps its value at such consistently high levels for years on end. Further adding to its advanced design, the 220 also offers a number of engineering and mechanical innovations that make for greater comfort and safety. Among the most significant of these are an auxiliary compensating spring on the swing axle and a completely new heating and ventilating system for the front and rear passenger compartments with separate blowers and controls for left and right side. Fresh air enters the car at the front pillar posts above the "fume level" and is exhausted through vents adjacent to the back window.

The interiors of these cars are the most beautiful, most comfortable, and the most relaxing it has ever been your pleasure to enjoy.

75 YEARS OF AUTOMOTIVE ENGINEERING
1886-1961
MERCEDES-BENZ

220S-SE

Two Cars of Elegance and Refinement . . .

ne magnificent new 220S and 220SE are companion deluxe odels to the distinguished Mercedes-Benz 220. They have the me brilliant styling and are built to the same advanced design d high standards of mechanical excellence. Dual two-barrel wndraft compound carburetors make the 220S somewhat elier and more powerful than the 220, while the 220SE has till more potent fuel-injection type of six-cylinder engine that akes it one of the most exhilirating of all cars to drive.

e heating and ventilating system provides quick, even dis- oution of filtered fresh or heated air without drafts or "cold spots." There are vents for side-window defrosting. The steering wheel boss and instrument panel are padded for passenger safety. These things are typical of the painstaking attention that Mercedes-Benz gives to the smallest detail— and the importance it attaches to them. On the highway, the 220S and SE are always incredibly smooth and quiet; and with their marvelous road-holding qualities are never thrown off-course by rough, choppy stretches. With the new swing axle compensating spring they corner as if on rails and re- gardless of road or weather conditions you feel safer, more secure and more at ease than in any comparable car.

New, more spacious trunk has ample room for all your vacation luggage. Special suitcases de- signed to fit the space exactly are available through your Mercedes-Benz dealer.

Bei diesen beiden Beispielen von US-Werbeprospekten für Mercedes-Heckflossenmodelle sieht man deutlich die Doppelscheinwerfer, die die US-Version auszeichneten.

Beautifully styled... technically proved!

The new Mercedes-Benz 190 sedan will appeal to the discriminating car buyer searching for that rare combination of economy of operation . . . lively performance . . . distinctive styling . . . . luxurious comfort and long-term value.

The 190 is powered by a 90-HP, short-stroke, overhead camshaft engine of the latest design to provide excellent response to all driving situations. This, coupled with the compact, high performance 4-speed, synchromesh transmission and single joint swing-type rear axle with a special compensating spring provides unusual maneuvering flexibility.

The new, larger exterior reveals a modern beauty in straight-line styling though still retaining the distinctive characteristics of traditional Mercedes-Benz design. The new 190's increased dimensions permit additional interior benefits of greater passenger roominess and comfort as well as increased luggage compartment accommodations.

Test-drive the new, exciting 190 Mercedes-Benz. Note its handling ease, roadability and a sense of solid security at the wheel. All are characteristic features derived from the solidly-built chassis and highly advanced suspension system. Discover that extra measure of satisfaction from driving a Mercedes-Benz quality built automobile.

Luggage to accommodate up to six passengers may be easily stored in the large 22-cubic-foot luggage compartment of the 190. The spare tire is conveniently located at the side for easy removal without disturbing cargo.

Auch die preiswerten Modelle dieser Baureihe fanden ihr Publikum in Amerika, aber selbstverständlich mit Weißwandreifen!

Luxury Car with Economy Habits

Luxury car with economy habits truly depicts the Mercedes-Benz 190D Diesel 4-Door Sedan. Here is a car that will take one person or the whole family great distances at an amazingly low fuel cost. The new, highly efficient Diesel engine requires the minimum of maintenance . . . runs of over 400 miles per tank of low-cost Diesel fuel are common. Even in the coldest weather, you start with ease and the 60 horsepower engine whisks you along at turnpike speeds with seemingly little effort.

Whether a long or short trip, you arrive refreshed. The wide comfortable seats are shaped to give correct body support. Car occupants are surrounded in the finest of interior appointments. To assure your safety, the liberal use of luxurious padding is provided on steering hub and dashboard. Even such minor items as control knobs are constructed of pliable material.

Safety of operation is paramount in the design of all Daimler-Benz automobiles. Independent suspension, front and rear, combined with swing axle and scientifically proportioned weight distribution makes the 190D one of the safest cars on the road to drive.

Finned brake drums forestall brake fade from continuous application and with the unique rear axle compensating spring, sharp turns and rough roads are maneuvered with ease and comfort. You will also like the individually controlled heater and ventilating system, but most of all, you will like the sense of well-being and distinction that comes from owning one of these fine automobiles.

Instrumentation on the 190D is beautifully positioned, requiring the minimum of eye movement. The speedometer gauge is of the vertical type, with the recording device changing color as the higher speeds are reached.

Als 1959 die neue Mercedes-Benz-Baureihe mit den charakteristischen Heckflossen in Gestalt der 220er-Modelle erschien, sicherte sich ***auto, motor und sport*** natürlich schon sehr bald ein Testexemplar, um den Fortschritt im Automobilbau bei Daimler-Benz unter die Lupe zu nehmen. Zur Verfügung gestellt wurde ein 220 S. Der Test begann mit einer Beschreibung der deutlich verbesserten Fahreigenschaften: „Die schon so abgegriffenen Vergleiche wie ‚klebt am Boden' oder ‚nicht von der Straße zu bekommen' gewinnen eigentlich erst an diesem Wagen ihre richtige Bedeutung. Man möchte dabei an den Naturgesetzen zweifeln, aber diese verblüffende Erscheinung läßt sich relativ einfach erklären: ist die Kurvengeschwindigkeit zu hoch, was nicht neutrale Wagen zum Eigenlenken veranlaßt, setzt der 220 S um für den Fahrer nicht wahrnehmbare, kleine Beträge seitlich absolut gleichmäßig weg, gewissermaßen parallel zu seiner Spur, wobei er sich selber abbremst, und zwar so, daß der Lenkeinschlag unverändert bleiben kann. Gewiß bremst sich auch der zuerst hinten wegsetzende Wagen selbst ab, aber das ist schon für den nichtversierten Fahrer eine Affäre, die ihm nicht liegt, denn er muß von sich aus einiges am Lenkrad tun, um auf Kurs zu bleiben. Wer mit diesem 220 S zu schnell in die Kurve geht – eine Situation, in die jeder absichtlich oder unfreiwillig geraten kann – der hat weiter nichts zu tun, als entsprechend der Kurvenkrümmung kräftig am Lenkrad zu ziehen, alles weitere reguliert der Wagen von selbst."

Waren diese Fahreigenschaften dazu angetan, den Umgang mit dem 220 S zu einem Vergnügen zu machen, so hatte auch die verbesserte Lenkung daran einen wesentlichen Anteil: „Die uns um eine Idee direkter erscheinende Lenkung ist durch neue Bemessung der Übertragungsteile insgesamt steifer und damit um jenen Betrag präziser geworden, den man jetzt braucht, um das flüssige Fahren mit diesem Wagen voll auskosten zu können. Mit beiden Händen fest am Lenkrad, wobei man sich auf der Landstraße in den meisten Fällen Umgreifen ersparen kann, läßt sich jede Wegänderung so sicher und vor allem schnell anvisieren, daß man glaubt, am Quirl eines Sportwagens zu sitzen."

Die Bremsen wurden auf rasanten Fahrten in den französischen Alpen hart beansprucht, verloren aber auch bei längeren Bergabfahrten nichts von ihrer Wirksamkeit. Dann widmete man sich dem 110-PS-Motor, der den Wagen in nur 13,7 sec auf 100 km/h beschleunigte, schneller, als dies damals ein Porsche 1600 Super vermochte. Der Motor war gegenüber dem Vorgängermodell in einigen Punkten verändert worden: „Änderungen am Motor erstreckten sich im wesentlichen auf eine Überarbeitung des Ventiltriebs. Sie erbrachte eine etwas ‚schärfere' Nockenwelle, die zu einer Leistungssteigerung von 106 auf 110 PS führte, wobei die Nenndrehzahl von 5000 U/min beibehalten wurde. Das maximale Drehmoment von 17,5 mkg blieb unverändert. Eine neue Schwinghebel-Lagerung auf Lagerböcken mit Kugelzapfen und -pfanne verminderte die schwingenden Massen des Ventiltriebs, so daß der Motor in bezug auf Drehzahl-Unempfindlichkeit noch gewonnen hat."

Jedoch nicht nur nackte Zahlen beeindruckten die Tester: „Was uns an diesem Motor besonders gefällt, ist seine Laufruhe bis zu den höchsten Drehzahlen und seine Elastizität in allen Gängen, die auch schaltfaule Fahrer vor keine Probleme stellt."

Die Synchronisation aller Gänge, damals noch immer keine Selbstverständlichkeit, erwies sich als äußerst wirkungsvoll, wenn auch die Bedienungskräfte ein wenig hoch lagen.

Bei der Beurteilung der äußeren Erscheinung des Mercedes 220 S bezeichnete man diese als eleganter und leichter als beim alten Modell, und im Innenraum stieß man auf die bekannt gediegene Atmosphäre dieser Wagen: „Der Innenraum wurde, was die Behaglichkeit betrifft, exquisit, und was die innere Sicherheit angeht, ehrlich gestaltet. Am Armaturenbrett oben und unten je eine tatsächlich Stoß-Energie aufnehmende Schutzkante, hinter der alle Schalter und Instrumente liegen. Die Wülste sind zweifarbig, womit man bewiesen hat, daß dergleichen auch für das Auge angenehm wirken kann. Das Armaturenbrett ist jedoch auch im Ganzen überaus geschmackvoll, wozu nicht zuletzt die Verarbeitung von Holz beiträgt."

Um den Aufenthalt im 220er angenehm zu machen, gab es auch eine große Zahl von Belüftungsmöglichkeiten: „Nicht zu vergessen der Eintritt der Frischluft für Belüftung und Heizung jetzt aus der staub- und abgasfreieren Zone unmittelbar unter der Frontscheibe. Betätigung der vielfältigen Möglichkeiten für die Einstellung gewünschter Innentemperaturen jetzt zentral in der Mitte, erreichbar für Fahrer und Beifahrer. Serienmäßig ein zweistufiges Frischluft- und Entfrostergebläse. Im Verein mit den durch Handrädchen einstellbaren Schwenkscheiben fuhren wir auch in großer Augusthitze unter angenehmen Innentemperaturen."

Seit jeher waren die Sitze in Mercedes-Limousinen von besonderer Qualität und Bequemlichkeit gewesen. Auch der 220 S enttäuschte in dieser Beziehung nicht: „Die Sitzpolster – mit Reutter-Ruhesitzbeschlägen – sind gottlob nicht übermäßig weich und sehr körpergerecht geformt. Hinten senkrecht und jetzt auch waagrecht gut profilierte Rückenlehnen mit herunterklappbarer Arm-Mittelstütze. Die hintere Bank ist verstellbar. In eine sehr praktische Ablegeschale zwischen den Vordersitzen kann auf Wunsch ein Polsterstück gesetzt werden, das die Sitzfläche für einen dritten Passagier ermöglicht."

Folgender Absatz brachte gegen Ende des Testberichtes die Begeisterung der Experten für diesen neuen Mercedes klar zum Ausdruck: „Der Mercedes-Benz 220 S, oder wie er genau heißt, der 220 Sb, hat, wo er sich auch im In- oder Ausland zeigte, ungewöhnlich starke Aufmerksamkeit erweckt. Noch nie wurden wir bei einem neuen Modell so häufig von Wißbegierigen angesprochen wie hier. Das und die Tatsache, daß er nach 3 Wochen seines Erscheinens schon praktisch bis Ende 1960 ausverkauft ist, zeigen, wie gut dieser Entwurf angekommen ist, trotz des um DM 750,– heraufgesetzten Preises. In welchen Winkeln des Wagens man auch forscht, man muß zugeben, daß dieses Auto sein Geld wert ist, gar nicht zu reden von seinen guten Fahreigenschaften, die manch anderen Automobilhersteller in Verlegenheit bringen dürften."

Drei Jahre später widmete die gleiche Zeitschrift dem von der 220er Baureihe abgeleiteten Spitzenmodell 300 SE einen sehr ausführlichen Test. Nach langer Vorrede, in der alle Bereiche aufgezählt wurden, die man bei der Konstruktion eines Automobils noch verbessern könnte, befaßte sich der Tester dann zuerst mit der Luftfederung und Niveauregulierung des 300 SE: „Wir möchten sagen, daß der Fahrkomfort des 300 SE ungefähr dem eines 220 SE bei mittlerer Belastung entspricht – beim Fahren mit nur einer Person ist die stahlgefederte Ausführung zweifellos härter. Andererseits darf man nicht erwarten, daß die Luftfederung nun jede Unebenheit völlig verschluckt; auf ganz kurzwellige Stöße, besonders auf Querrinnen, reagiert sie vielleicht sogar um eine Nuance fühlbarer. Dafür ist sie in bezug auf die unerwünschten Auf- und Abbewegungen des Wagens, die das am schwersten zu beherrschende Problem der Automobilfederung darstellen, der Stahlfederung überlegen. Die auffälligsten Vorteile liegen allerdings nicht im Komfort, sondern in der Verbesserung der Fahrstabilität. Da ist einmal der nicht zu unterschätzende Vorzug stets richtiger Scheinwerfereinstellung, hauptsächlich aber der geringe Einfluß unterschiedlicher Belastung auf das Fahrverhalten."

Diese aufwendige Federung trug nicht nur zum Komfort bei, sondern man konnte den 300 SE auch sportlicher bewegen als den 220er: „Ein besonders auffälliger Sicherheitsfaktor liegt in der Wirkung der Bremsmomentabstützung: der 300 SE läßt sich in erstaunlichem Maße – natürlich nicht unbegrenzt – in Kurven bremsen, ohne daß ein Unsicherheitsgefühl aufkommt. Auch die beim 220 auftretende Übersteuer-Reaktion auf Gaswegnehmen in Kurven ist nahezu verschwunden."

Eine sehr gute Beurteilung bekam ferner die 300-SE-Servolenkung: „Wir dagegen kamen von einem USA-Wagen mit extrem leichtgängiger und indirekter Servolenkung auf den 300 SE und empfanden dessen Lenkung von der ersten Sekunde an als großartig. Der 300 SE ist viel zu richtungsstabil, als daß er sich durch die direktere Lenkung nervös machen ließe. Auch ist die Lenkung keinesfalls zu leichtgängig, sondern arbeitet um eine Kleinigkeit schwergängiger, dafür aber viel exakter als amerikanische Servolenkungen. Durch sie wird der 300 SE zu einem Auto von frappierender Handlichkeit."

Die Scheibenbremsanlage gab erwartungsgemäß keinen Grund zur Klage und erhöhte noch in besonderem Maße das Gefühl der Sicherheit im Umgang mit diesem Wagen. Erste Kritik wurde geäußert, als es um das Verhältnis zwischen Motor und Getriebe ging: „Der neue Dreilitermotor ist zwar stark genug, um dem Wagen ein hervorragendes Beschleunigungsvermögen zu geben, aber er ist als enger Verwandter der übrigen hochdrehenden DB-Sechszylinder nicht elastisch genug, um ein

Ein Heckflossen-Mercedes 220 SE auf der Rallye Monte-Carlo 1962. Am Steuer R. Ott/ R. Knoll.

fahrerisch voll befriedigendes Arbeiten der Automatik zu ermöglichen. Wohl nicht zuletzt aus dieser Erkenntnis heraus hat man bei Daimler-Benz von vornherein eine weitgehende Beeinflussungsmöglichkeit durch den Fahrer vorgesehen. Wir können uns jedoch nicht vorstellen, daß man mit dem Ergebnis ähnlich zufrieden ist wie mit der Luftfederung oder der Servolenkung."

Auch was die Abstufung der Gänge und die Schaltvorgänge betraf, so konnte der 300 SE nicht die Erwartungen befriedigen und erhielt dafür ein für Mercedes-Tests ungewohnt schlechtes Zeugnis: „Auch dieser Probleme wegen muß man sich fragen, ob das automatische Vierganggetriebe wirklich die beste Lösung für den Motor des 300 SE ist. Wir würden, wenn es angeboten würde, ein handgeschaltetes Vierganggetriebe vorziehen, zusätzlich vielleicht einen V. Gang als Schnellgang zur Reduzierung der Drehzahl. Damit wäre der im Grunde sportlichen Charakteristik des Motors mehr Gerechtigkeit widerfahren als mit der Automatik."

Schon ein Jahr zuvor hatte sich diese Zeitschrift den neuen 190er vorgeknöpft. Äußerlich nur durch geringe Vereinfachungen vom großen Bruder zu unterscheiden, wurde die Distanz zum 220er im Innenraum schon deutlicher: „Schon vom äußeren Eindruck, von Sitzen und vom Fahrgefühl her wird niemand behaupten können, daß knapp 10 000 DM für diesen Wagen zuviel seien. Der reelle Gegenwert ist unverkennbar vorhanden. Dazu

steht die Schlichtheit der Innenausstattung nicht im Widerspruch. Das Armaturenbrett – im Prinzip der unfallsicheren Konstruktion dem des 220 gleich – ist in dunklem Braun und Grau gehalten und durch Metalleisten verziert – dieser Verzicht auf allzuviel Glanz und Farbenfrohsinn hat den angenehmen Effekt, daß keinerlei Spiegelungen in der Windschutzscheibe auftreten."

Was Fahrwerk und Federung betraf, bot der 190er freilich die gleichen äußerst erfreulichen Eigenschaften wie der 220er, was für ein Auto, das damals noch unter 10 000 Mark kostete, ganz erstaunlich war. Doch wie verhielt es sich mit dem 80-PS-Motor? „Unser 190, mit über 9000 km gut eingefahren, war offenbar ein gutes Exemplar: die Höchstgeschwindigkeit (Mittel aus vier Messungen) lag bei 152 km/h (Werksangabe 145 km/h), die von uns gemessenen Beschleunigungswerte entsprachen genau den Werksangaben."

Was heißt, daß nur 17,6 sec vergingen, bis die 100-km/h-Marke erreicht war. Der 190er wirkte also keineswegs untermotorisiert: „Im Straßenverkehr zählt der 190 mit diesen Leistungen zu den Fahrzeugen, mit denen man niemals wegen fehlender Kraftreserve in Verlegenheit kommt. Der bis über 110 km/h reichende III. Gang verbürgt sicheres Überholen auf schnellen Straßen, im bis 70 km/h reichenden II. Gang hat man auf engen Straßen und im Stadtverkehr entsprechendes Temperament verfügbar; andererseits ermöglicht es die Elastizität des Motors im unteren Drehzahlbereich, bei gleichmäßigem Dauertempo leise und wirtschaftlich zu fahren."

Den 190 gab es bekanntlich auch mit Dieselmotor, und diese Version testete ***ams*** im Januar 1962. Der 190 D genügte in Komfort und Fahreigenschaften natürlich denselben hohen Ansprüchen wie die weit stärker motorisierten Heckflossenmodelle, doch war allein das hohe Geräuschvolumen des Motors etwas gewöhnungsbedürftig: „Eine geringe Beeinträchtigung des Komforts ist das Dieselgeräusch – aber tatsächlich nur eine geringe. Der kalte Motor ‚nagelt' im Leerlauf und bei niedriger Drehzahl vernehmlich; je wärmer er wird, umso ruhiger wird er."

Der Testwagen lag mit einer Spitzengeschwindigkeit von 133 km/h zwar gar nicht so schlecht, wie man erwartet hatte, doch verging fast eine halbe Minute, bis 100 km erreicht werden konnten: „Am meisten machten sich das hohe Leistungsgewicht und das damit verbundene phlegmatische Temperament auf bergigen kurvenreichen Straßen bemerkbar, wenn der Wagen häufig heruntergebremst und wieder beschleunigt werden mußte."

Da die Leistung von 55 PS demnach oft voll ausgenutzt werden mußte, lag der Verbrauch selten unter zehn Liter pro 100 Kilometer.

Am Ende des Tests stellte der Prüfer folgendes fest: „Wir müssen freilich bei aller Achtung vor der in diesem Wagen steckenden maschinenbaulichen Leistung wiederholen, daß uns soviel geruhsame Solidität nicht liegt – aber jedem das Seine. Dieser Wagen braucht Fahrer, die seinem Charakter entsprechen."

Später wurde von ***ams*** auch der sehr teuere und wenig verkaufte Kombi Universal geprüft. Bei geringer Belastung zeigte der Wagen unangenehme Härte: „Nutzfahrzeug-Maßstäbe erreicht er aber auch im Federungskomfort bei leerem Wagen; er ist in dieser Hinsicht den Mer-

Technische Daten 1959–65

Typ	220	220 S	220 SE	300 SE
Baujahr	1959–1965	1959–1965	1959–1965	1961–1965
Zylinder	6	6	6	6
Bohrung x Hub	80 x 72,8 mm	80 x 72,8 mm	80 x 72,8 mm	85 x 88 mm
Hubraum	2195 ccm	2195 ccm	2195 ccm	2996 ccm
PS bei U/min	95/4800	110/5000	120/4800	160/5000, ab 1/64 170/5400
Drehmoment mkg	17,2 bei 3200 U/min	17,5 bei 3500 U/min	19,3 bei 3900 U/min	25,6/3800, ab 1/64 25,4/4000
Verdichtung	8,7:1	8,7:1	8,7:1	8,7:1, ab 1/64 8,8:1
Vergaser	2 Fallstrom	2 Register-Fallstrom	Einspritzpumpe	Einspritzpumpe
Batterie	12 V 52 Ah	12 V 52 Ah	12 V 60 Ah	12 V 66 Ah
Lichtmaschine	240 W	240 W	240 W	300 W
Gänge	4	4	4	4
Radstand	2750 mm	2750 mm	2750 mm	2750 mm
Spur vorne	1470, ab 8/63 1482 mm	1470, ab 8/63 1482 mm	1470, ab 8/63 1482 mm	1482 mm
Spur hinten	1485 mm	1485 mm	1485 mm	1490 mm
Länge	4875 mm	4875 mm	4875 mm	4875 mm
Breite	1795 mm	1795 mm	1795 mm	1795 mm
Höhe	1500 mm	1500 mm	1500 mm	1455 mm
Reifen	6.70-13 ab 1960 7.25-13	6.70-13 Sport ab 1960 7.25-13	6.70-13 Sport ab 1960 7.25-13	7.50 H 13
Leergewicht	1320 kg, Automatik + 40 kg	1350 kg, Automatik + 40 kg	1380 kg, Automatik + 40 kg	1580 kg, Automatik + 40 kg
Zul. Gesamtgew.	1760 kg, ab 1960 1820 kg	1780 kg, ab 1960 1845 kg	1810 kg, ab 1960 1875 kg	2065 kg
Höchstgeschw.	160 km/h	165 km/h	172 km/h	175–200 km/h
Beschleunigung 0–100 km/h	16 sec	15 sec	14 sec	13/12 sec
Tankinhalt	65 Liter	65 Liter	65 Liter	65 Liter, ab 1/63 82 Liter
Stückzahl	69 691	161 119	66 086	6748
Preis	11 500,– DM ab 1962 12 160,– DM	13 250,– DM ab 1962 13 750,– DM	14 950,– DM ab 1962 15 400,– DM	23 100,– DM lang 26 400,– DM

cedes-Limousinen klar unterlegen. Die Federung spricht bei langsamem Fahren nur wenig an, so daß jede Bodenunebenheit spürbar wird, und auch bei hoher Geschwindigkeit ist der Universal deutlich härter als die Limousine. Diese Tatsache enttäuschte uns – wir erwarteten einen gepflegten Personenwagen und fanden statt dessen ein zwar solides, aber recht nutzfahrzeughaftes Gefährt vor." Der lieferwagenähnliche Eindruck setzte sich leider auch im Innenraum fort, mit schweißtreibenden, nicht verstellbaren Vordersitzen, dafür konnte auch der gut durchdacht angelegte Laderaum nicht entschädigen. Die Tester prognostizierten dem Universal wenig Erfolg in dieser Ausstattungsvariante und ließen dies in ihrem Schlußsatz sehr deutlich hören: „Ein solcher Wagen, vielleicht sogar mit der neuen Sechszylinder-Karosserie, würde den eleganten Station-Wagons entsprechen, die in den USA längst gang und gäbe sind und durch ihre Ausstattung alle Anklänge an jene Zweckbedürfnisse ambulanter Gewerbetreibender vermeiden, die beim Mercedes Universal offenbar noch Pate gestanden ha-

Typ	190	190 D	200	200 D
Baujahr	1961–1965	1961–1965	1965–1968	1965–1968
Zylinder	4	4	4	4
Bohrung x Hub	85 x 83,6 mm	87 x 83,6 mm	87 x 83,6 mm	87 x 83,6 mm
Hubraum	1897 ccm	1988 ccm	1988 ccm	1988 ccm
PS bei U/min	80/5000	55/4200	95/5200	55/4200
Drehmoment mkg	14,5 bei 2500 U/min	11,5 bei 2400 U/min	15,7 bei 3600 U/min	11,5 bei 2400 U/min
Verdichtung	8,7:1	21:1	9:1	21:1
Vergaser	1 Fallstrom	Einspritzpumpe	2 Fallstrom	Einspritzpumpe
Batterie	12 V 52 Ah	12 V 66 Ah	12 V 44 Ah	12 V 66 Ah
Lichtmaschine	160 W, ab 8/63 240 W	160 W, ab 8/63 240 W	490 W	490 W
Gänge	4	4	4	4
Radstand	2700 mm	2700 mm	2700 mm	2700 mm
Spur vorne	1468 mm, ab 8/63 1482 mm	1468 mm, ab 8/63 1482 mm	1482 mm	1482 mm
Spur hinten	1485 mm	1485 mm	1485 mm	1485 mm
Länge	4730 mm	4730 mm	4730 mm	4730 mm
Breite	1795 mm	1795 mm	1795 mm	1795 mm
Höhe	1495 mm	1495 mm	1495 mm	1495 mm
Reifen	7.00-13	7.00-13	7.00 S 13	7.00-13
Leergewicht	1280 kg, Automatik + 40 kg	1320 kg, Automatik + 40 kg	1310 kg, Automatik + 40 kg	1350 kg, Automatik + 40 kg
Zul. Gesamtgew.	1750 kg	1800 kg	1775 kg	1825 kg
Höchstgeschw.	150 km/h	130 km/h	161 km/h	130 km/h
Beschleunigung 0–100 km/h	18 sec	29 sec	15 sec	29 sec
Tankinhalt	51 Liter	51 Liter	65 Liter	65 Liter
Stückzahl	130 554	225 645	70 207	161 618
Preis	9950,– DM ab 1962 10 600,– DM	10 450,– DM ab 1962 11 100,– DM	11 000,– DM Kombi 14 750,– DM	11 500,– DM Kombi 15 400,– DM

ben. Man würde sich mit der jetzigen Ausführung abfinden können, wenn sie billig wäre, aber billig kann sie schon wegen des umständlichen Entstehungsprozesses nicht sein. Solange die Exklusivität ausschließlich im Preis liegt, dürfte dem Universal kein großer Erfolg beschieden sein."

Ein Heckflossenmodell der letzten Entwicklungsstufe, einen Typ 230 von 1966, testete schließlich Peter Nidetzky für die österreichische Fachzeitschrift ***Austro-Motor.*** Die Fahrleistungen verglich der Tester in etwa mit denen des alten 220 S, und auch was die Fahreigenschaften betraf, wurde nur Gutes berichtet: „Das Fahren mit dem 230er ist überaus leicht und angenehm. Das vollsynchronisierte Vierganggetriebe arbeitet exakt, die Gänge schlüpfen leicht und präzise. Die servounterstützte Lenkung macht das Einparken selbst in die kleinsten Parklücken kinderleicht. Das Fahrverhalten ist neutral bis leicht übersteuernd. Aber selbst in Grenzsituationen benimmt sich der Wagen äußerst gutmütig und läßt sich selbst dann noch relativ leicht vom Fahrer korrigieren."

Typ	230	230	230 S	200 D 7-Sitzer
Baujahr	1965–1966	1966–1968	1965–1968	1967
Zylinder	6	6	6	4
Bohrung x Hub	82 x 72,8 mm	82 x 72,5 mm	82 x 72,5 mm	87 x 83,6 mm
Hubraum	2281 ccm	2281 ccm	2281 ccm	1988 ccm
PS bei U/min	105/5200	120/5400	120/5400	55/4200
Drehmoment mkg	17,7 bei 3600 U/min	18,2 bei 4000 U/min	18,2 bei 4000 U/min	11,5 bei 2400 U/min
Verdichtung	9:1	9:1	9:1	21:1
Vergaser	2 Fallstrom	2 Register-Fallstrom	2 Register-Fallstrom	Einspritzpumpe
Batterie	12 V 44 Ah	12 V 44 Ah	12 V 44 Ah	12 V 88 Ah
Lichtmaschine	490 W	490 W	490 W	490 W
Gänge	4	4	4	4
Radstand	2700 mm	2700 mm	2750 mm	3350 mm
Spur vorne	1482 mm	1482 mm	1482 mm	1482 mm
Spur hinten	1485 mm	1485 mm	1485 mm	1485 mm
Länge	4730 mm	4740 mm	4875 mm	5380 mm
Breite	1795 mm	1795 mm	1795 mm	1795 mm
Höhe	1495 mm	1530 mm	1500 mm	1495 mm
Reifen	7.00 S 13	7.00 S 15	7.25 S 13	7.25 S 13
Leergewicht	1350 kg, Automatik + 40 kg	1460 kg, Automatik + 40 kg	1410 kg, Automatik + 40 kg	1490 kg
Zul. Gesamtgew.	1805 kg	2140 kg	1850 kg	2110 kg
Höchstgeschw.	168 km/h	175 km/h	175 km/h	125 km/h
Beschleunigung 0–100 km/h	14 sec	13 sec	13 sec	32 sec
Tankinhalt	65 Liter	65 Liter	65 Liter	65 Liter
Stückzahl	40 258		41 107	
Preis	11 950,– DM Kombi 15 900,– DM	11 950,– DM Kombi 15 900,– DM	14 000,– DM Kombi 18 600,– DM	15 650,– DM

Die Federung empfand der Tester vor allem bei wenig belastetem Wagen als ein wenig hart, andere Eigenschaften machten aber viel Spaß: „Die Karosserie ist selbsttragend und die vier Türen – nach wie vor mit dem satten ‚Mercedes-Wumm' schließend – bieten einen bequemen Einstieg zu allen Plätzen."

Netterweise kam in solchen österreichischen Tests auch die Beifahrerin zu Wort, was sich dann so anhörte: „Der Mercedes-Benz 230 ist ein echter Familienwagen mit sportlichen Fahrleistungen, den man aber ebensoleicht und bequem im dichten Stadtverkehr fahren kann. Er ist eben ein Mercedes, meint Ihre Viktoria."
Nun ja, dem ist wohl nichts hinzuzufügen. Die Mercedes-Heckflossenmodelle wurden, wie dem Vorangegangenen zu entnehmen war, sehr ausführlich und hart getestet, wobei gerechterweise nicht immer nur Lob zu hören war, wenn auch die Wagen, vielleicht nur mit Ausnahme des etwas unglücklichen Kombis, stets ein hervorragendes Gesamturteil bekamen.

Mercedes en miniature

Mercedes 220 SE

Lego (D)	Fertigmodell	Kunststoff	1:90	
Schuco Piccolo (D)	Fertigmodell	Metall	1:90	
Praline (D)	Fertigmodell	Kunststoff	1:87	
Praline (D)	Fertigmodell	Kunststoff	1:87	Taxi
Praline (D)	Fertigmodell	Kunststoff	1:87	Polizei
Praline (D)	Fertigmodell	Kunststoff	1:87	Fahrschule
Praline (D)	Fertigmodell	Kunststoff	1:87	Feuerwehr
Wiking (D)	Fertigmodell	Kunststoff	1:87	
Wiking (D)	Fertigmodell	Kunststoff	1:87	Feuerwehr
Wiking (D)	Fertigmodell	Kunststoff	1:87	Polizei
Anguplas (E)	Fertigmodell	Kunststoff	1:86	
Eko (E)	Fertigmodell	Kunststoff	1:86	
Norev (F)	Fertigmodell	Kunststoff	1:86	
Matchbox (GB)	Fertigmodell	Metall	1:73	
Triang Minic (GB)	Fertigmodell	Kunststoff	1:72	
Husky (GB)	Fertigmodell	Metall	1:60	
Siku (D)	Fertigmodell	Kunststoff	1:60	
Siku (D)	Fertigmodell	Metall	1:60	Polizei
Lone Star (GB)	Fertigmodell	Metall	1:55	
Smer (ČSSR)	Fertigmodell	Kunststoff	1:45	
Dinky Toys (GB)	Fertigmodell	Metall	1:43	
Gama (D)	Fertigmodell	Metall	1:43	1961
Gama (D)	Fertigmodell	Metall	1:43	1962
Gama (D)	Fertigmodell	Metall	1:43	1965
Gama (D)	Fertigmodell	Metall	1:43	Polizei
Gama (D)	Fertigmodell	Metall	1:43	Taxi
Ingap (I)	Fertigmodell	Kunststoff	1:43	
JRD (F)	Fertigmodell	Metall	1:43	
Metall 43 (GB/F)	Kit	Metall	1:43	
Norev (F)	Fertigmodell	Kunststoff	1:43	
Tekno (DK)	Fertigmodell	Metall	1:43	
Tekno (DK)	Fertigmodell	Metall	1:43	Feuerwehr
Tekno (DK)	Fertigmodell	Metall	1:43	Taxi
Walldorf Economy (D)	Kit	Metall	1:43	
Buby Toys (ARG)	Fertigmodell	Metall	1:42	
Cherryca Phenix (J)	Fertigmodell	Metall	1:42	
Diapet (J)	Fertigmodell	Metall	1:42	
Izola (Yu)	Fertigmodell	Kunststoff	1:42	
KDN (ČSSR)	Fertigmodell	Kunststoff	1:42	
Politoys (I)	Fertigmodell	Kunststoff	1:41	
Schuco Micror. (D)	Fertigmodell	Metall	1:41	
Schuco Miraco (D)	Fertigmodell	Metall	1:41	Polizei
Schuco Miraco (D)	Fertigmodell	Metall	1:41	
Sakura (J)	Fertigmodell	Metall	1:40	
Flim (H)	Fertigmodell	Kunststoff	1:25	
Gama (D)	Fertigmodell	Blech	1:20	
Bandai (J)	Fertigmodell	Blech	ca. 1:19	

Mercedes 200

Siku (D)	Fertigmodell	Kunststoff	1:60	
Siku (D)	Fertigmodell	Kunststoff	1:60	Taxi
Metosul (P)	Fertigmodell	Metall	1:43	
Metosul (P)	Fertigmodell	Metall	1:43	Taxi
Metosul (P)	Fertigmodell	Metall	1:43	Polizei
Metosul (P)	Fertigmodell	Metall	1:43	Armee

Mercedes 190

Brekina (D)	Fertigmodell	Kunststoff	1:87	
Brekina (D)	Fertigmodell	Kunststoff	1:87	Polizei
Brekina (D)	Fertigmodell	Kunststoff	1:87	m. Schiebedach
Brekina (D)	Fertigmodell	Kunststoff	1:87	Feuerwehr
Brekina (D)	Fertigmodell	Kunststoff	1:87	Taxi
Brekina (D)	Fertigmodell	Kunststoff	1:87	Kombi
Brekina (D)	Fertigmodell	Kunststoff	1:87	Bestattung
Brekina (D)	Fertigmodell	Kunststoff	1:87	Krankenwagen
Brekina (D)	Fertigmodell	Kunststoff	1:87	US Air-Force Krankenwagen
Metosul (P)	Fertigmodell	Metall	1:43	

Mercedes 300

Siku (D)	Fertigmodell	Kunststoff	1:60	

Bücher für den Mercedes-Liebhaber

Mercedes-Benz 1886–1986 Catalogue Raisonné. Diese zweibändige Enzyklopädie entstand in enger Zusammenarbeit mit dem Daimler-Benz-Archiv und anderen Automobil-Archiven. Band 1 enthält einen historischen Abriß, Band 2 listet erstmals sämtliche von Daimler, Benz und Daimler-Benz AG gebauten Pkws mit technischen Daten, Produktionszahlen und Karosserievarianten auf. Insgesamt 840 S., mehr als 1000 Abb., 40 Seiten in Farbe, 2 Bände im Schuber, deutsch/engl./franz.

Daimler-Benz – Die Technik/Das Unternehmen von M. Barthels, G. Lingnau und M. Kruk. Diese zweibändige Firmengeschichte schildert die Entwicklung dieses bedeutenden Automobilherstellers von den Anfängen bis zu der Spitzenstellung, die das Unternehmen heute einnimmt. 2 Bände im Schuber, zus. 628 S., 803 SW- und 48 Farbfotos.

Mercedes-Benz-Personenwagen 1886–1986 von Werner Oswald. Dieses einzigartige Buch vermittelt einen umfassenden Überblick über sämtliche innerhalb der letzten 100 Jahre von Daimler und Benz hergestellten Personenwagen. Aktualisierte Auflage, 680 Seiten, 1200 Abb.

Mercedes-Benz – Die ersten hundert Jahre von Richard M. Langworth. Ein Bildband im Großformat über die komplette Modellentwicklung von 1886 bis 1986. 256 S., 341 SW- und 151 Farbfotos.

Mercedes-Benz-Automobile 4: Vom 190 SL bis 300 SEL von Heribert Hofner. Ein sehr ausführliches Buch mit genauer Typologie und Modellbeschreibung. 168 Seiten, viele Abb. in Schwarzweiß und Farbe.

The Star and the Laurel: The Centennial History of Daimler, Mercedes and Benz 1886–1986 von Beverly Rae Kimes. Dieser Band, der von der Mercedes-Benz-Niederlassung Nordamerika unterstützt wurde, gibt auf mehr als 750 Fotos und Farbabbildungen aus dem Mercedes-Archiv einen kompletten Überblick über die Produktion. Ein prächtiger Bildband. 400 S., 782 Abb., engl.

Mercedes-Benz: A History von W. Robert Nitske. Die Geschichte des ältesten Automobilherstellers wird von dem amerikanischen Automobilexperten geschildert. Die Aufmachung gleicht den beiden vorangegangenen Werken „Mercedes 300 SL“ und „Mercedes-Benz Production Models“. 228 Seiten, 316 Abb., engl.

Mercedes-Benz Production Models 1946–1983 von W. Robert Nitske. Diese Neubearbeitung behandelt alle Personenwagen der Nachkriegszeit bis ins Jahr 1983 und ist damit eine völlig überarbeitete und erweiterte Auflage der Mercedes-Benz Production Models bis 1975. Im Anhang alle technischen Tabellen, Produktionszahlen und vieles mehr. 224 Seiten, mehr als 300 Abb., engl.

Mercedes-Benz Production Models 1946–1986 von W. Robert Nitske. Aktualisierte und erweiterte Ausgabe von obigem Buch. 263 S., 349 SW-Abb., engl.

Daimler-Benz-Museum von Fritz B. Busch. Dieser umfangreiche Führer durch das Daimler-Benz-Museum besticht durch hervorragende Farbfotos und detaillierte Information. 84 S., 125 Abb., zumeist in Farbe.

Mercedes For the Road von Henry Rasmussen. Ein prachtvoller Fotoband dieses einzigartigen Fotografen in der allseits beachteten Survivors-Reihe. Porträtiert werden folgende Modelle: 220 A Cabriolet, 300 Sc Roadster, 300 SL Coupé, 300 SL Roadster, 190 SL Roadster, 300 d Sedan, 220 SE Cabriolet, 600 Limousine der Baujahre 1969 und 1979. 27,8 x 21,1 cm, 135 S., 173 Abb., davon 164 in Farbe, engl.

The Mighty Mercedes von Michael Frostick. Ein umfassender Bildband aus dem Hause Dalton Watson über alle Renn- und Serienfahrzeuge von 1885 bis 1970. 19 x 25,2 cm, 212 S., 450 Fotos, engl.

The Mercedes-Benz Since 1945 Vol. 1: The Early Postwar Years – A Collector's Guide von James Taylor. Ein Leitfaden für Sammler und Käufer eines frühen Nachkriegs-Mercedes. 24 x 19 cm, 120 S., 140 Fotos, engl.

The Mercedes-Benz Since 1945 Vol. 2: The 1960s – A Collector's Guide von James Taylor. Ein Leitfaden für Sammler und Käufer eines Mercedes der 60er Jahre. 24 x 19 cm, 144 S., 140 Abb., engl.

Zwei Männer – ein Stern: Gottlieb Daimler und Karl Benz in Bildern, Daten und Dokumenten. In der Reihe Klassiker der Technik schildert diese Dokumentation die Entstehung des Automobils anhand zweier Erfinderschicksale von 1886 bis zur vollen Blüte des Automobils. 485 S., 46 Abb., 233 techn. Zeichnungen, 73 Dokumente und 8 Farbtafeln.

Mercedes-Benz – Klassische Automobile in Wort und Bild von W. A. Seidel. Neben einer kurzen Firmengeschichte werden die zwanzig markantesten Autos der letzten 100 Jahre in Wort und Bild vorgestellt. 48 S., 24 Farbabb.

Mercedes-Benz Diesel Automobiles von W. Robert Nitske. Dieses Buch beschreibt alle Diesel-Modelle aus dem Hause Mercedes-Benz. 160 S., 250 Abb., engl.

Es gibt zahlreiche Mercedes-Clubs in aller Welt, und einige von ihnen widmen sich ganz speziell den Wagen der fünfziger und sechziger Jahre. Die hier wiedergegebenen Anschriften erheben natürlich keinerlei Anspruch auf Vollständigkeit.

Anschriften von Mercedes-Benz-Clubs in Deutschland

Mercedes-Benz IG
Sekretariat: Gabriele Ritter,
Badweg 6/3
71384 Weinstadt
Tel. (07151) 6 24 32, Fax 60 30 31

Typreferent Ponton, Clubarchiv:
Helmut Baaden, Güterplatz 8
56235 Ransbach-Baumbach
Tel. (02636) 4037, Fax 4988

Typreferent Heckflosse:
Martin Röder, Johanneshof 65
35578 Wetzlar
Tel. (06441) 21 15 57

Typreferent W 116:
Jens Birkenbeul, Lessingstr. 1
57577 Hamm/Sieg
Tel. (02682) 7 09 20, Fax 7 09 10

Typreferent W 108:
Michael Brockhoff, Uhlandstr. 2
53937 Schleiden-Gemünd
Tel. (02444) 438

Typreferent W 114 / W 115:
Hardy Langer,
Schriesheimer Straße 4a
68775 Ketsch
Tel. (0621) 483 66 12

Mercedes-Benz 190 SL Club eV.
Norbert Schneider,
Wetteraustr. 97, 61169 Friedberg
Tel. (06031) 1 39 01, Fax 9 33 88

Mercedes-Benz 300 SL Club eV.
Robert Bayer,
Postfach 1117
89584 Ehingen/Donau
Tel. (07391) 6084, Fax 6088

Mercedes-Benz Club SL Pagode eV.
Manfred Luft, Sonnenbühl 48
70597 Stuttgart
Tel. (0711) 76 60 22,
Fax 756 56 61

Mercedes-Benz R/C 107 Club eV.
G. Spenz, Schönauer Bach 11
52072 Aachen
Tel. (0241) 17 11 17, Fax 477 99 41

Mercedes-Veteranenclub von Deutschland eV.
Winfried A. Seidel,
Rheingaustr. 21
68526 Ladenburg
Tel. (06203) 135 07, Fax 2503

Mercedes-Benz Modellautoclub eV.
Dieter Mäurer,
Reichenhaller Str. 53
70372 Stuttgart
Tel. (0711) 55 82 49

Verein der Heckflossenfreunde eV. und MB Strich-Acht IG
Pestalozzistr. 16
90429 Nürnberg